有利于把一件事情做好、做到完善程度的个性、习惯。
善用之，会让你减少许多主动失误，而做稳、做大一件事

10种优质性格决定一种非凡人生

改变命运的 10种优质性格

中国华侨出版社

图书在版编目（CIP）数据

改变命运的 10 种优质性格/孙颢编著 . —北京：中国华侨出版社，
2010. 11
ISBN 978 － 7 － 5113 － 0921 － 1

Ⅰ．①改…　Ⅱ．①孙…　Ⅲ．①性格—通俗读物
Ⅳ.①B848. 6 － 49

中国版本图书馆 CIP 数据核字（2010）第 231689 号

●改变命运的 10 种优质性格

编　　著/孙　颢
责任编辑/李　晨
经　　销/新华书店
开　　本/710×1000 毫米　1/16　印张 15　字数 200 千字
印　　数/5001—10000
印　　刷/北京一鑫印务有限责任公司
版　　次/2013 年 5 月第 2 版　2018 年 3 月第 2 次印刷
书　　号/ISBN 978 － 7 － 5113 － 0921 － 1
定　　价/29. 80 元

中国华侨出版社　　北京朝阳区静安里 26 号通成达大厦 3 层　　邮编 100028
法律顾问：陈鹰律师事务所
编辑部：（010）64443056　　64443979
发行部：（010）64443051　　传真：64439708
网　址：www. oveaschin. com
e - mail：oveaschin@ sina. com

前言

在这里，我们提出"优质性格"的概念，并非故弄玄虚，而是根据许多成败案例，得出的深刻体会。

什么是"优质性格"？即有利于把一件事情做好、做到完善程度的个性、习惯。善用之，就可能让你减少许多主动失误，而做稳、做大一件事；不善用之，就可能让自己的心中事掉进失败之境中去。

有些人总是强调做人做事的能力。能力从何而来？我们认为这是应当思考的一个问题。美国著名人生问题研究学家马布里说："过多注重自身能力的人，对于自己人生目标的渴望是强烈而执著，甚至不遗余力的。这本身没有什么不妥当的。在我看来，任何能力的大小都不是单一的，都是源于一个人的性格资本，没有优良的性格，显然不可能得到最好的行动结果，甚至会让能力大受挫折。"

真是这样，有许多人并非因能力不够而做不成事，而是因为缺乏优质性格而让本可能做成的事做不成，这是一种人性的弱点，也是成功的最大障碍。也许你现在还不曾遭遇这种苦痛，但并不意味着你将来就不会如此。

怎么才能有优质的性格呢？这正是本书想力图深入探讨的一个人生

课题，也是想帮助大家思考行动方案的一个实际课题。

优质性格有许多特性，本书归纳为十种，即察人的性格：不识人就会吃哑巴亏；应对的性格：用不同的方法，下不同的棋；戒露的性格：太聪明未必都好；守稳性格：越急越会弄糟事；防范的性格：拒绝"小人"入侵身边；近人的性格：读懂自己的上司；谋事的性格：想到位之后就要去做；交往的性格：和朋友抱团之道；处人的性格：办公室做人方圆；合作的性格：赢得人心的做人方法。这些性格不是可有可无的，而是引导成功行动的一种性格方案，其优点在于：

第一，训练你的优质性格，可以避免行动的盲目性，让你更有明确性和可靠性，此可谓守稳性格。

第二，找准你的优质性格，可以避重就轻，做成你能够做成的事，在适度的原则指导下做好一点、做大一片，此可谓守成性格。

第三，落实你的优质性格，可以在人事关系上减少不必要的麻烦，而专心投注于工作的进展和效率。否则，你会就被数不清的是非纠缠着，而无心于工作。

上面这些问题，看似小问题，实为大问题。所以本书不讲空话、套话，而以实用为本。

目录

一 察人的性格：

不识人就会吃哑巴亏

二 应对的性格：

用不同的方法，下不同的棋

三 戒露的性格：

太聪明未必都好

四 守稳的性格：

越急越会弄糟事

五 防范的性格：

拒绝"小人"入侵身边

六　近人的性格：

读懂自己的上司

七 谋事的性格：

想到位之后就要去做

八 交往的性格：

和朋友抱团之道

九　处人的性格：

办公室做人方圆

十　合作的性格：

赢得人心的做人方法

察人的性格：
不识人就会吃哑巴亏

1．揭开性格的面纱

每个人处世态度和性格各有不同，就像方和圆一样各有差异。方型人格者做事讲原则，有规有矩；圆型人格者做事很灵活，圆通周到，二者各有优点，需要区别运用。

圆型人格能根据时势的发展，不断调整自己与客观时势的关系，因时调整自己的人生态度、处世方式、意志规范与情感流向。这种人格样式所追求的，是圆转无碍的人生境界。它见之于一般人际关系，则八面玲珑；见之于官场竞争，则左右逢源；待人接物，力求面面俱到；表现在文章语言上，又努力在逻辑上做到天衣无缝，简直无可挑剔。因而倘若搞起阴谋来，可能也会两面三刀，不露声色。这种人格的内核是"韧"。其目的是既定而不可更改的，但又认为为了达到某一人生目的，方式方法途径又应是多种多样、绝对灵活的。其原则也不是没有的，但又坚信最终原则的实现必须以灵活运用多种方式、手段为保证。这是一种具有一定方向的流动型人格，其流动的轨迹是曲线、是圆、是回旋与曲折，其处世哲学是"识时务者为俊杰"。

与圆型人格相对应的是方型人格。特征是循时而不变。就是说尽管时势向前运行了，人却不认为调整自己的行为与客观时势之间的关系是必要的、合时宜的。这并不等于说有这种人格的人无视时间的运行，而是他们坚信能够"以不变应万变"，他们认为面对万变的时势，最佳的人生选择是"不变"，从而觉得不必随时调整自己的情感方式、意志取向、人生态度与处世哲学。这种人格样式尤其注重人生与人格的原则，原则是不可改变的，认为人生的总目标与策略之间是重合的。持有这一方型人格的人处理一般人际关系，有棱有角；处理政治问题，毫不妥协，其心理机制是重理轻情，其主要特点是刚烈。因而，如果说《周易》中所写到的殷代三贤之一的箕子，在商纣淫威之下佯装发疯、自晦其明是一种圆型人格的话，那么，后世所谓苏武持节、包公铁面则表现为方型人格。越王勾践的卧薪尝胆与文天祥的大义正气是两个不同人格的政治表现。相对而言，方型人格是一种静止型人格，它的思维、意志和情感流向是直线型的，其境界重在刚正不阿。

人们比较推崇的是方型人格，流传至今的"敢做南包公，羞为甘草剂"这句话就说明了这一点。人们所推崇的是光明正大的人格，具有大地般坦荡而博大胸怀的人格，同时也称赞如大地一般有内涵、含蓄、谦逊而儒雅的人格。

这种分析当然不是由此贬低圆型人格的积极因素，也并非无视方型人格的消极因素。实际上，方型人格也是很有缺陷的，它固然一般不与阴谋相联系，然而倘要搞起"阴谋"来，也会是非常厉害的。

2. 区别对手的方圆

有一种称之为投影测验的心理检查。这种投影测验是拿意义不明的画面，或者不规则的图形，让接受测验的人看，根据他看后所做的反应，或者对该图的理解，分析被调查者的性格倾向。

比如，让被调查者看一幅有两个男人站立着的图画，把这幅画的内容理解成这两个男人似乎要打架的人，他是具有攻击性格的人；把它理解成两个朋友站在一起亲密交谈的人，则是他渴求友谊或爱情的表现；从这幅画能想象出一个故事的人，他的性格中肯定有逃避性的倾向。像这样利用图画测试被试者的反应，就能分析他的心理状态。

再比如，喜欢使用"真恐怖"、"真漂亮"等形容词的人，是属于歇斯底里的性格；而说话说到一半突然欲说又止，或说话暧昧的人，他的不安症状相当严重。

但是，我们每一个人，虽然经常运用这种心理测试，但我们却并未察觉。特别是对于初次见面或不太熟悉的人，你一定会把他不经意的一句话，或者稍纵即逝的一个表情，或者一个细微的小动作，当作材料，反复琢磨，进行分析。这是人类的一种本能。

比如，你因为工作的需要，与某个人初次见面，互相交谈，因为彼此互不了解，所以彼此之间都戴着社交礼仪的面纱，不能轻易地表现出自己的本性。如果对方衣冠楚楚，你心里没准会想："这真是个爱摆派头的人。"要是对方目光闪闪眨个不停，你可能又会认为："这是一个不太稳定的人。"随着谈话的继续，你对于对方做心理测验的材料也随之增加，这些材料总结归纳之后，你就把对方勾画出一个大概的形象，对于对方的一切，无形之中你就有了一个全盘了解的感觉。

换句话说，人类对于服装的好恶、动作的习惯、谈吐的习惯等各种各样的特征，是根据各种场合的不同而表现出来的。如果将所有的这些特征，当作是特定的个人所具有的习性时，就可以把它看作这是那个人的"个性"。

个性可以看作是"性格"，但实际意义又比"性格"要广泛。一个人表面上的个性与他内心深处的性格是相互关联的，只要不是双重人格，根据他的个性，我们就可以分析、判断这个人。如果我们非常仔细地观察这个人对于一件微不足道的小事的态度时，我们就可以从他极其细微的部分，看到他的全部，可以分析他内心深处的本性。所谓"管中窥豹"就是这个道理。

3. 表情识人技巧

从脸谱识人，应该怎么做呢？主要是：

（1）用出人意料的言辞试探对方

要窥探别人的心意，应从观察表情着手。"表情"二字，照字面解释，就是表示感情，因此，我们应该可以从对方的表情，察觉他的心意。

不过，在通过表情观察心意的时候，必须注意到一点，就是人可以由意志力控制表情而达到某种程度。发怒、发笑，或是表情死板，都可以装假。只要看看舞台上的演员，他们能够随剧情的需要而做出种种表情，就可知道，表情是可以伪装的。

因此，在观察表情以透视人心的时候，要注意一项秘诀，就是要使对方失去控制表情的能力，换句话说，就是使他的内心产生激荡，然后观察他的真实表情。譬如说：以意外的事情惊吓他，或者以锋利的言辞激怒他……都可以使他的意志失去控制，泄露内心的感情。

可是，碰到对方是个训练有素的人物时，普通方法只能使他的心理发生动摇，外表还不致显现出来。对付这种阅历丰富的人，必须使用更强烈的刺激，才能对他发生一点效用。

总而言之，不要在对方情绪平稳的时候进行观察，把握对方情绪动摇的时刻，再进行观察试探，比较容易看出事实的真相，这就是观察表情的秘诀。

此外，应用"试探透视法"，来观察他人表情的变化，也是十分重要的。

（2）表情的观察方法

"porkerface" 这个词，是起源于桥牌。玩桥牌时，脸上做出一副满不在乎的表情，使对方难以猜透自己手中的牌，就叫作 "porkerface"。

在玩牌的时候，不论技术如何，做出毫不在乎的表情这点本事，是几乎每个人都有的。我们在儿童时代，就已经学会当情况不妙时，表现出 "与我无干" 的神情。

但是不论如何假装表情，还是很难不泄露内心情绪的动摇，何况对方是出其不意、攻其不备，再怎么厚的脸皮，也难以发挥功效了。

但是需要注意一点，表情的变化只是瞬间的事，过了这一刹那，又能很快地装成若无其事。虽说人的意志可以控制肌肉的活动，但在生理的活动力量比意志力强的时候，还是不会受人体意志所左右，所以，极端冲动的时候，肌肉还是会抽动。肌肉抽动最明显的部位是嘴巴附近，尤其是嘴角，最容易因为情绪紧张而产生痉挛。除此之外，眉毛和鼻子也容易发生抽动的现象。

仔细观察上述部位的细微变化，就不难看出对方的心理是否正在发生变化。

不过，由这些表情的变化，还是不能肯定引起变化的症结何在。比方说，一个人到了陌生的环境，常会因为紧张而声音颤抖，也可能脸红。如果因这些情绪变化而断定他有难言之隐，那就大错特错了。

总而言之，判断对方情绪发生变化的原因，还是要配合对方的立场和周围的环境，再做最后的决定。

还有，故作镇定也是一种情绪变化的说明。当一个人在应该发生情绪变化的时候，反而非常镇定，这就显示他的内心正有所激荡，却在强行压抑，而此刻故作镇定的表情多少要显得不够自然。所以，神情表现得自然不自然，也可以帮助我们判断对方的心理。

对于表情的判断，时常会因为个人 "先入为主" 的观念，而发生偏差。就拿微笑来说，对一个有好感的人所发出的微笑，你会认为是善意的微笑，如果你对这个人没有好感，就会认为他这是不怀好意的嘲笑。所以在下判断的时候，要先抑制自己的主观意识。

4. 从嘴巴识人

人的嘴部确实能够鲜明地表现出人的态度来。一般来说，一个人口唇部分的变化，主要有以下几种情况：

把嘴抿成"一"字形，是个坚强的人，他一定能完成任务；张开嘴而合不上，是个意志不坚定的人；注意听别人说话时，嘴唇两端会呈现稍稍拉向后方的状态；人的嘴唇往前空撅的时候，是一种防卫心理的表示；下巴抬高，十分骄傲，优越感、自尊心强，望向你时，常带否定性的眼光或敌意；下巴缩起，此人仔细，疑心病很重，容易封闭自己，不易相信他人。

口齿伶俐，吐词清晰固然是辩才；口齿不清，说话迟钝，但意志坚定，见识不凡为天下大才；嘴角上翘，这种人豁达、随和，比较好说话，易于说服；嘴角下撇，这种人性格固执、刻板，不爱说话，很难说服；说话或听话时咬嘴唇，对方在自我谴责、自我解嘲，甚至自我反省；说话时以手掩口，说明对方存有戒心，或者在自我掩饰。

时常舔嘴唇的人，内心压抑着因兴奋或紧张所造成的波动；说谎时，常口干舌燥地喝水或舔嘴唇；打呵欠是想暂时逃避当场意识的欲求表现；清嗓子的动作大且声音变调之人，是对自己的话没有把握，具有杞人忧天的倾向；男性常见咬住烟头，用唾液加以润湿的动作，为不成熟的幼儿心理。

俗话说："缄口以自重。"祸从口出，从一个人的口中之言可以看出他的胸怀和性情。南北朝时，贺若敦为晋的大将，自以为功高才大，不甘心居于同僚之下，看到别人做了大将军，唯独自己没有被晋升，心中十分不服气，口中多有抱怨之词，决心好好大干一场。

不久，他奉调参加讨伐平湘洲战役，打了个胜仗之后，由于种种原因，反而被撤掉了原来的职务。为此他大为不满，对传令官大发怨言。晋公宇文护听了以后，十分震怒，把他从中州刺史任上调回来，迫使他自杀。临死之前他对儿子贺若弼说："我有志平定江南，为国效力，而今未能实现，你一定要继承我的遗志。我是因为这舌头把命都丢了，这个教训你不能不记住呀！"说完了，便拿起锥子，狠狠地刺破了儿子的舌头，想让他记住这个教训。

5. 直观识人之法

识人难，有识人者与被人识者两方面的原因。作为识人者，往往受情绪判断、感情固执己见等诸多因素的影响。而被人识者又往往有复杂而多变的心态组合，会给辨别贤才带来困难。具体来说，有两个方法：

一是要不露声色地旁观。识人才者站在旁观者的立场上，可以平心静气，比较客观，比较准确，能超脱地对人才进行多角度、全方位的观察；被观察者只有在缺少戒备心理，很少以取悦的心态进行"乔装打扮"时，呈现出来的才是比较纯朴的"真容"。一个投机者，对上和对下，其所作所为肯定是大相径庭判若两人。任何一个人，包括那些最伪诈者，他们只能骗人一时，不可能骗人一世，只能欺骗一部分人，不可能欺骗所有人。以旁观者的身份对一个人进行客观公正的观察时，才能收集到有关这个人的真实信息。其中要注意：

（1）嫉妒心强的人不可用。嫉妒心人人都有，但若过于强烈，就是严重的性格缺陷了。这种人，一不能用公平的眼光看待别人，二不能实事求是地对待自己。

（2）只知追求眼前之功，不管计策可行不可行的人不可用。只追求眼前的蝇头小利，不顾长远的大利益，这是严重的短期行为。

（3）把任何事情都看得过于简单的人不可用。这种人大多志大才疏，办事情的态度极不认真、不严肃，往往把简单的事情弄得一团糟。

（4）轻易说大话的人不可用。这种人接受任务时大包大揽，真正做起来却一拖再拖，且能寻找种种借口，任何时候都有理由。

二是要面对面地直观。旁观法识人主要是旁观，而面对面地直察却要做正面接触，"识人之道"有七条：对人才提出问题，让其分辨是非曲直，以考察他的立场、观点和志向；提出尖锐问题使其理穷辞少，以考察他分析问题的逻辑性、应变能力和敏感力；就某些重大问题，让其出谋划策，看他有无远见卓识和雄才大略；交予其最艰巨的任务，讲明困难与危害，看他的胆识和勇气；与其开怀畅饮，看他的自我控制力及其品性；让其干有利可图的事，看他是否保持清廉本色；委托其办事，看他能否如期完成，信守诺言。与此同时还要注意以下问题：

（1）要注意保密性。要让被考察者在无拘无束、自由自在中淋漓尽致地表现自己，真正做到"我就是我"。

（2）考察的目的要明确。识察人才要有明确的目的，不能随心所欲，想到什么就观察什么。只有针对性强，才能选出所需的人才。

还要观察他周围的朋友。相人观友法之所以能够取得一定的效果，原因不外乎有三：

首先是因为"物以类聚，人以群分"。由于性格上的一致，人们往往自然趋于贴近；由于利益上的一致，而自然共同努力；由于所处环境的相同，而自然相互同情和帮助；由于事业追求的一致，而自然共同奋斗。正所谓："同恶相助，同好相留，同情相成，同欲相趋，同利相死。"

其次是因为人对交友是有一定的选择的，在一般的情况下，人们总是选择那些年龄相近，性格比较一致的朋友；爱好相近，追求比较一致的朋友；文化教养相近，谈吐比较一致的朋友；处境相近，爱憎比较一致的朋友，因此而造成群友的才德较为相近的情况。

第三是因为朋友之间有着重要的"同化效应"。由于各种特殊原因而造成某些年龄、性格、文化、爱好不尽相同的朋友相结，但是，这些朋友群体频繁接触，甚至朝夕相处，自然形成为一种"人际小环境"，其中品质、爱好相近的大多数人必然对"不大一致"的少数人产生重要的影响，以致逐步地同化着少数人，此即所谓"近朱者赤，近墨者黑"。

正是由于上述原因，而造成大多数朋友之间的相近性和一致性。正如荀子所说："不知其了，视其友；不知其君，视其左右。"也应了管子所教："观其交游，则其贤、不肖可察也。"这正为我们知人提供了一个重要的方法，即"相人观友法"。

6. 由第一印象认识对手

卡耐基指出："良好的第一印象是登堂入室的门票。"这话说得对极了。我们往往与人初次见面时，都会在不知不觉中给对方造成"此人很不友善"，"此人很直爽"之类的印象。这是对方跟自己的经验相对照，并以其体格、外貌、服装等为基准，使对方产生的一种观念。如果给对方的第一印象有所错觉的话，就很难修正自我的第一印象。即使能修正过来，也要花费很长时间，很大力气。

所以说，一个人的"第一印象"是非常重要的，别人对你，或你对别人都是如此。给人第一印象不好的话，如要挽回，就要做很大的努力，因此，在与同事初次接触中必须注重这一点。

初到一个新环境，人人都有紧张、陌生之感，只要抓住人人都注重先入为主这个特点，从一开始就树立良好的第一印象这一策略，保证你万事如意。

你与同事萍水相逢，互不了解，而你的外在形象首先毫不客气地作为第一信号打入了对方的眼底。机敏的人仅在这一瞬间凭着心理定势给你对号、打分。而且这种自我经验又极其固执，人们的特点是最相信自己的最初判断。有的人费尽心机，却一辈子老不景气，有的人办什么事都那样得心应手，物顺人从，似乎鸿运天降，其中的奥秘就在于其人的整体"形象"起了举足轻重的作用。

当然，印象有的是假象，给我们第一印象很好的人有时也可能是心怀叵测的小人，我们要善于透过外表看实质，不要让印象牵着我们的鼻子走。每个人都很难从对方脸上的表情或者言谈举止来断定其心情和目的。难过的时候，他可能微笑着巧妙地掩饰，兴奋的时候，他也可能故作沉思低头不语，因此，这时他说出来的话、做出来的事不一定出自于内心的本意。这正如同人们平时所说的那句话："人人都戴上了虚伪的面具。"这面具随着年龄的增大，戴得越来越巧妙，越来越难以被人发觉。久而久之，这就转变为一种社会性的心理思维定势，一种习惯。随之而来的处世圆滑也是成熟的标志之一。想一想自己，不也是如此吗？自己的喜怒哀乐何曾明明白白表露在他人面前而不加任何掩饰呢？真可谓人心难测。这是我们通晓人际交往秘诀的先提条件。

有些人装出一副和蔼可亲的面孔，却隐藏着内心的真实意图。外表上对人极尽夸赞逢迎，暗地里却耍手段，要么使人前进不得，要么使船翻人覆，甚至是落井下石。这种人还往往不是自己出面去伤害别人，而是借此伤彼。

7. 营造利己的谈判气氛

形成融洽谈判气氛的关键时刻往往是短暂的，可能只有几秒钟，最多也不超过几分钟。

实际上，当双方准备一起洽谈时，气氛就已经形成了，而且将会延续下去，以后便很难改变。因为此时，热烈或冷漠、合作或猜疑、友好或防范的情绪已经出现了，所表现的行动不是轻松便是拘谨，谈判的形式也已经确定——谁发言、说多少，双方的策略已经明晰，甚至已逐渐达到知己知彼的程度。

当然，谈判的气氛不仅受最初几秒钟内发生的事情所影响，而且还受到双方见面之前的交往情形，以及洽谈中彼此接触情绪的影响。但是，开始见面形成的印象，比相见前形成的印象强烈得多，甚至会很快地取代以前的印象。

有时，在谈判过程中，气氛会转换发展方向，但是，洽谈之初建立的气氛是最关键的，因为这种气氛奠定了谈判的基础，其后虽然会有变化，但不会明显地朝着积极的方向发展（当然也会有特殊的情况，比如，当双方有了明显的分歧，经过共同努力之后建立新的洽谈气氛，这也是可能的。可是在目前阶段，我们还不期望出现这种分歧）。

开始时建立起来的良好谈判气氛也会恶化，我们必须在整个洽谈过程中采取积极的措施，防止这种情况的发生。

但是，建立良好的谈判气氛，关键还是在开始阶段。因此，我们要着重认真研究谈判开始阶段所发生的事情，研究应该采取怎样的行动，以建立一个良好的谈判气氛。

首先让我们分析一下，当双方首度准备进行谈判时，最可能出现的场面是什么。

一见面，双方首先互相问候，开始某种形式的对话。接着便纷纷坐下，开始交谈。

这时，谈判人员除了已经有的初步印象外，他还会产生某种预感："说不定这次谈判会很棘手。"也许心中还会想："天啊！我可得留神对方这些人。"当然，反应也可能是积极的，比如："看来这次准会有点结果。"从见面形式、问候和坐定的方式，并不能完全解释为什么谈判人员会产生上述各种情绪，因而需要深入地研究。

实际上，这时人的脑子所接收的信号已远远超过了人们所看到的表面现象。人的大脑不仅反映出对方走路的样子及速度、说话的语气声调等等，甚至在会谈开始时，双方随意谈及的问题，也都会对大脑有些刺激作用。

这些刺激因素，是由人的潜在意识接收下来并进行"翻译"的。但如何"翻译"则取决于信号接收前的形势，比较典型的一种形势是当时至少有一方感到谈判前景不妙，有一种担心、怀疑，甚至具有防范的心理。

谈判开始时的话题最好是轻松的，比如，双方可以随便聊聊以下内容：

（1）会谈前各自的经历——曾经到过的地方，接触过的人，等等。

比较轻松的话题还有：球赛、高尔夫球等，甚至早上的新闻摘要（只要不给对方带来不快）。

（2）私人问题。表现出真正关心他人的情况，不带任何威胁的语调。例如：开始可以这样说："你好！"然后谈一些仅限于私人间的话题，如："这个周末我钓鱼去了。我很喜欢钓鱼，你周末是怎么度过的？"

（3）对于彼此有过交往的，可以先叙谈一下以往经历和共同获得的成功。

这样的开场白可以使双方找到共同的话题，为心理沟通预先做好准备。

实际上，在闲聊中，双方也同时在传递一些无声的资讯，它同样具有很强的感染力。这时，给人的第一个印象是形象。形象包括一个人的姿势，它可以反映出这个人是信心十足还是优柔寡断，是精力充沛还是疲惫不堪，是轻松愉快还是剑拔弩张。反映这些情绪的关键部位是头部、背部和肩膀。除了姿势以外，形象还反映在谈判人员的穿着仪表上：他的服装的颜色是深色还是浅色；是流行款式还是匠心独具；是整洁还是不修边幅。

但很快地，仪表留给人的印象会被其他印象逐渐淡化。最强的印象，是双方目光的接触。而且第一次的目光接触最为重要。从目光的接触中，可以了解对方是开诚布公还是躲躲闪闪的，是以诚相待还是怀疑猜测的。

除此之外，给人留下深刻印象的因素还有手势。很多情绪可以通过手势反映出来，比如，握手可以反映出对方是强硬的、温和的还是理智的。在西方，一个人如果在用右手与对方握手的同时，又把左手放在他的肩膀上，这就说明此人精力充沛，或者说明权力欲很强（这是一种过于激烈的举动，他想控制别人）。

有时，人身上的气味甚至也会成为影响谈判气氛的因素。曾有一位能力极强的谈判人员，要不是因为他身上的气味令周围的人无法忍受，他可以成为一位出色的谈判家。

洽谈的进展速度，实际上在洽谈之初就已经确定了，从双方互相问候、步行速度就可以看出这一点，诸如客人走进房间的速度、主人从桌前站起来或走上前的速度，以及双方聊天的速度等等，但这些动作的速度通常是难以确定的。而经常遇到的问题是，由于洽谈人员拿不准该谈些什么而出现停顿和冷场，从而减缓了随后谈判的速度；相反地，如果洽谈人员讲话速度很快，滔滔不绝，慌慌张张，同样是一个不妙的开端。我们需要的是既轻松又有效率的谈判速度。

开场白阶段——不管是讲话速度还是无声的印象，都会为谈判奠定了基调。当坐到椅子上之前站着的时候，正是洽谈做开场白的最佳时刻。原因在于，许多社交活动站着比坐着进行还更方便些。例如，站着比较容易改变和对方的接触角度，它可以离得近些，也可以远些。而坐定在某一地方就很难做到这一点，况且坐在椅子上，经常要与对方两眼相视。另外，假如洽谈气氛在人们站着寒暄时就已经建立起来，则由站立转为坐下，还可以被用来强调地表示下面将从一般性寒暄转入正式的业务谈判，从而应该把精力投入到正式工作中了。

开谈阶段的进行过程——人们称之为"入题阶段"，值得在这里说几句，由于谈判即将进行，双方都会感到有点紧张，因而，需要一段沉默的时间，以调整与对方的关系。这段时间要持续多久呢？我们认为应占整个洽谈时间的5%。也就是说，如果洽谈准备进行一个小时，沉默时间为三分钟，如果洽谈准备持续几天，最好在开始谈生意前的某个晚上，一起吃一顿饭。

如果是以小组而不是以个人为单位进行洽谈，那么，掌握好建立洽谈气氛的时间，其意义更为重大。当分别由四个成员组成的两个小组第一次会面时，大家首先忙于互做介绍和握手。此时可能显得十分混乱，不会有什么真正的言谈交流。几秒钟之后，八个人站成一个圆圈。这时，除一两个人偶尔发出的声音以外，一片沉默，其他人十分尴尬地站在那里无所事事。

一般而言，在人数比较少的时候，才能建立起较为积极的气氛。因此，最好把八个人分为二至三个小组，每个小组都有双方的人。在比较小的范围内，人们可能（的确可能）立刻开始小声交谈。这种友好的交谈声是这八个人共同发出的，使人觉得从一开始就建立了热烈的、互相交流的气氛。

8. 脸部动作识人法

人的喜怒哀乐总是通过面部的五官而表现得淋漓尽致，所以，有人指出：五官的语言谱写着人的七情六欲。这句话一点也不过分，不信的话，请你观察下列情形时他人的五官动作：

其一，当内心克制不住喜悦时，他的动作将表现为：额与眉是平静的，眼睛是下睑向上扬起，眼睛边出现皱纹，即使鼻子还正常，而他的嘴巴则已大开，上齿露出，唇面向后开，上唇掀开，下腭则垂下而摇动。

其二，当内心克制不住愤怒时，他的动作则表现为：额与眉是左右眉毛向上扬起，呈八字形皱纹，眉与前额之间有皱纹，眼睛睁得很大，小鼻扩大，嘴巴则大开，下齿露出，唇角下垂，下唇用力缩紧，下腭用力向前突出。

其三，当内心克制不住悲哀时，他的动作则表现为：额与眉是左右眉毛向下，斜眉毛呈现相反的八字形，眼睛部分或全部闭紧，鼻细小，稍微斜长，嘴巴则大开，唇角下垂，下唇颤动，下腭下垂。

其四，当内心克制不住恐惧时，他的动作则表现为：额与眉是眉毛

16

向上扬起，惊讶时前额出现皱纹，眼睛睁得很大，小鼻扩大，嘴巴开口厉害时候，咧开得更大，唇角稍微向下垂，下腭固定。

其五，当内心克制不住嫌恶时，他的动作则表现为：额与眉是眉毛稍微扬起，呈现皱纹，眼睛稍微缩小眼球，同时活动不停，鼻向上耸，出现皱纹，小鼻的侧边张开，嘴巴则稍微向上倾，唇角下垂，而下腭上倾。

9. 从习性识人

善于识人者，都爱注意观察别人的习性，主要是这样做：

（1）从前兆看人

俗话说，一叶可知秋。任何事情在局势明朗之前，肯定都会有其前兆。达尔文在剑桥神学院读书时，是个平庸者，植物学教授汉罗斯却看出达尔文有着特殊的才能，并力保他随"贝格尔"舰进行环球科学考察，从而使一个"平庸"者，成为举世闻名的科学家。可见具有慧眼的人会根据这些细微之处正确判断出事态的发展而采取相应的行动。要想获得成功就必须把自己培养成判断形势的高手，从而把行动的主动权牢牢掌握在自己手中。

唐代宗时，刘晏在扬州设立造船场，凡造船一艘就付给很丰厚的报酬。有人提出造船的实际费用不到所付工钱的一半，所以应该减少。刘晏说："不。计划大事业不能计较小的花费，凡事必须考虑到长久的利益。现在造船厂刚刚建立，管事的人很多，应当让他们在私人花费上不太窘迫，这样公家的财物才不会受损失。如果斤斤计较，不是长久之计啊。"刘晏说得很对，干大事业不能计较小花费，以俸养廉才是长策。

（2）从习惯看人

明代周忱巡抚江南时，有一个笔记本，他每天记录所发生的事，即便是很小的事情也不遗漏。比如每天的阴、晴、风、雨等都详细记下来。开始人们都不明白他的用意。有一天，一个人来报告，说运粮的船在江上被吹走了，找不到了。周忱就问那个人丢失粮船是哪一天，是午前还是午后，当时刮什么风。结果报告的人回答得颠三倒四，周忱翻开日记本和他对证，那人大吃一惊，只好招出了自己私扣粮船的罪过。可见细心缜密能防患啊！

10. 装腔作势的人内心空虚

如果听到女朋友说：

"我最讨厌你了！"

"啊！完了！她再也不会理我了！"——这是一般社会经验不足的年轻人的想法。

"哼！真会装模做样！"——现在大多数的年轻人，已经可以了解对方的心意了。

在社会上，有很多类似这种心里喜欢你，表面却装成讨厌你的情形。

所以，我们想透视一个人，如果只凭他所说的话来判断，那是无法达到目的的。因为对方所说的"讨厌"，不一定就是真的感到"讨厌"。为了避免误会，我们必须将反面观察法的原则与正面观察法配合交互使用。

在孙子兵法里，有30项探知敌情的具体方法，我们列出其中10项与反面观察法相关的条目供大家参考。

（1）敌方一面采取和平外交，一面积极备战，我们可以判断敌方一定是企图进攻。

（2）敌方一面采取强硬外交，一面做积极进攻的姿态，这时，敌方可能是正准备撤退。

（3）敌方战斗力并没有转弱，却希望和谈，这一定另有谋略。

（4）敌方退退进进，忽隐忽现，一定是以计诱我。

（5）夜间作战，喊声巨大，表示敌方胆怯。

（6）敌将辱骂部下，就证明敌军疲于应战，失去了战斗意志。

（7）敌将对部下过分亲密，就证明军心已开始动摇。

（8）滥发赏金就证明领导者已无良策。

（9）随意责罚部下，也是证明领导者已乏良策，军心大乱。

（10）敌方派使者前来，表示敌军等待援军重整旗鼓。

以上10项若加以分类，第1项至第4项是透视敌方意图的方法。第5项至第10项是透视敌方状况的方法。

上面所说的"敌方"，如果改为"对方"，那么范围就更广泛了。我们若能善用反面观察法，对方的状况，我们就能了如指掌了。

孙子的反面观察法，是根据由自然运动法则创造出来的双方面思考法而来的。这种法则起源于"老子"，老子曾说：

"宇宙间的物体，经常保持对立的状态，因为宇宙的运动最终又会返回原来的状态……这就是自然的运动法则。"

有表就有里，但这些都不是固定的，因为相互间会有变化的趋向，如果只从单方面看，实在不能看出真相，因此，才会产生双面观察（也就是反面观察）的法则。

"大道废，仁义在。"这句话中的仁义，就是因为国家没有走上正轨，所以才特别显现出来。

"乱世出忠臣。"就是因为时局太乱，才能显出忠臣的忠贞。

根据这些法则可以使我们明白，在人际关系上，只靠表面是无法看出真相的。

愈是会装模做样的人，内心愈是空洞。

平时不易接近的人，突然变得很热情，他一定是另有企图。

对于过分替自己辩解的人，不可放弃对他的疑心。

说话夸大的人，大都缺乏自信。

在日常生活中，只要细心去观察，相信可以发现更多类似的事例。

二

应对的性格：
用不同的方法，下不同的棋

1. 在关键时刻要先发制人

有的人往往是后人一手，而不能先发制人，这样常常导致败局。

佐佐木基田是日本神户的一位大学毕业生，他毕业后在一个酒吧打短工时，遇到一位中东来的游客，二人谈话很投机，于是游客慷慨地送给他一只很有特色的打火机。

这只打火机妙就妙在：每当打火，机身便会发出亮光，并且随之出现美丽的图画；火一熄，画面也便消失。

佐佐木反复摆弄、玩味，觉得十分美妙、新奇。于是他向游客打听这种打火机是哪里生产的，游客回答他是在法国买的。

佐佐木灵机一动，心想要是能代理销售这种产品，一定会受很多人尤其是年轻人欢迎，肯定还能赚一大笔钱。他一面想，一面就行动起来。他想办法找到法国打火机制造商的地址，写信接洽，十分恳切地要求代理这种产品。最后他花 1 万美元获得了这种打火机的代理权。

当佐佐木"搞定"打火机代理权时，日本也有几个商人想获取法国打火机的代理权，结果让名不见经传的佐佐木捷足先登取得了。若佐佐木没有"先发制人"，他很可能竞争不过其他有代理商品经验的商人。

他从探究法国打火机的诀窍入手，先掌握其窍门，再进行改造，并由打火机推及到水杯等，设计制造了能够显示漂亮画面的水杯产品，大受日本人欢迎。

他造出的这种水杯，盛满一杯水时便出现一幅美丽逼真的画面，随水位的不同，画面也发生变化。人们用这种杯子品茶闲谈，简直是一种享受，于是都对这种杯子爱不释手。

佐佐木积累资金后开办了一个玩具厂，专制打火机、火柴、水杯、圆珠笔、锁匙扣、皮带扣等带有奇妙特色的产品。这些产品市面上不是没有，但佐佐木总是先人一步，在某项功能或某种款式上下功夫，做到人无我有，人有我优，总之，要有别于他人。他凭着才气和灵活的头脑，赤手空拳闯天下，终于由一个穷书生变成了腰缠百万贯的富翁。

奇妙的打火机引导着佐佐木走上了神奇的发家之路。

"先发制人"是指比对方抢先一步，也就是"快打慢"的手段。但怎样打法呢？那就得看看要打的是什么人，环境怎样了。比如你想发展某人为客户，想引起你的领导的注意，"先发制人"往往胜数要大些。尤其是对偶然性的机遇，你更是要抢先一步，因为时机不会等人。

2. 不做"滥好人"，而能对付"各种人"

对于有的人而言，怎样不做"滥好人"是一门必须修炼的学问。不妨做好如下几点：

（1）要会应付某些人。要你"小心应付"某些人，实在是件令人伤感的事，因为还是过不用对人防备的日子比较好，可是"一样米，养百样人"，你不小心应付，便有吃亏的可能性，并不是所有人都如你想的是"好人"。

一般情况下，以下这些类型的人你要小心应付，不敢说这些经验和看法是对的，但你不妨当作参考。

哪些类型的人呢？

①甜嘴巴：这种人开口便是大哥大姐，叫得又自然又亲热，也不管他和你认识多久。除此之外，还善于恭维你，拍你的马屁，把你"哄"

得舒舒服服的。并不是说这种人就是必须防备的"坏人",而是这种人因为嘴巴伶俐,容易使人心不设防,如果他对你有不轨之日,你不就上了他的当?

②笑面虎:这种人好像没有脾气,你骂他、打他、羞辱他,他都笑眯眯的,有再大的不高兴,也搁在心里,让你看不出来。这种人也不见得是坏人,因为他的个性就是如此,成天笑眯眯,不得罪人。可是你就搞不清楚这种人心里在想些什么,也搞不清楚他的好恶及情绪波动,碰到这种人,真的让人无从应对,也因此,如果他对你有不轨之图,你是无从防备的。因此对这种人,你要避免流露出内心的秘密,更不可和他谈论私人的事情,不如保持礼貌性的交往,他打哈哈,你也打哈哈。

③藏境人:这种人把自己隐藏起来,不让你知道他的过去、家庭、同学,也不让你知道他对某些事情的看法,换句话说,是个深沉莫测的人。这种人有的是因环境的影响所造成,不见得是个"坏人",但和这种人交往是很恐怖的,最好的办法还是保持距离。

④墙头草:这种人最大的特色便是"见利思迁,见风使舵",哪边好往哪边靠。所以他的待人处世会以"利"作取向,也会为"利"而背叛良心,伤亲害友,可以今天和你好,也可明天将你害。所以和这种人打哈哈就可以了,不必有利益、人情上的往来,甚至宁可故意向他显示你"无利可图"的一面,以免他没事就来打扰你,这可不是好事。

(2)学会对待"坏人"。有些人不一定是"坏人",但或因个性使然,或因环境的影响,使得他们的做人处世方式有一些偏差,对这种人,你的态度要有一些保留,如果你对他们寄予完全的信任,便有可能受到伤害。

哪种人呢?

①自吹狂:这种人很喜欢夸赞自己的能力,如果你愿意听,他可能就会成为万能的人。事实上,这种人的能力是有问题的,因为他心虚,

所以靠吹嘘来壮声势，好比胆小鬼走夜路要吹口哨那般。所以对"自吹狂"所说的一切，先打对折再说。

②支票机：这种人喜欢开支票，任何事情他都可以答应，不只是如此，他还可以主动承诺为你做任何事，可是每一张支票都无法兑现。对这种人，你的态度要有所保留，免得大失所望。

③漏风嘴：这种人喜欢到处串门子，串门子还不打紧，还喜欢讲"我告诉你，可是你不可以告诉别人"的"秘密"。如果他也向你传播某人的"秘密"，你当然不可再告诉别人，但你要有所警觉，你如果告诉他秘密，那么很快，你的秘密将不再是秘密。

④铜牙槽：这种人的特色是嘴巴很硬，不是说他平常说话很硬，而是死不认错，明明事实摆在面前，他还要强辩，像有一副铜牙槽那般。这种人，你的态度也要有所保留，因为他有可能瞒下了更大的错误。

⑤天天醉：这种人好饮，而且每饮必醉，甚至每醉必发酒疯。这种人有个性上的缺陷，有无法控制情绪的缺点，会误事，也会误自己。

⑥不孝子：这种人连父母都可以不要，甚至虐待他们，那么他对别人也可以如此。对这种人，你要有所保留。

对以上这些人你的态度要有所保留，多给自己一些时间来观察，多给自己一些空间来应对，那么就不会受到伤害了。

做个地地道道的好人。大家都喜欢"好人"，也欢迎"好人"，因为"好人"不具侵略性，不会伤害到别人，甚至有时还会为了别人而让自己吃亏！做"好人"是性格决定的，想不做都不行，而做"好人"也有其人际关系上的价值，因此，做好人是值得肯定的，但不能做"滥好人"。所谓"滥好人"，就是没有原则、没有主见的"好人"，这种人不知是性格因素，还是有意以"好"去讨别人的欢喜，反正是有求必应，也不管该不该，有时也想坚持，可是别人声音一大，他马上就软化下来，因为缺乏原则与坚持，导致是非难分。

◎二　应对的性格：用不同的方法，下不同的棋

25

3. 掌握上楼抽梯术

有时候，当实在人自己尚未完全掌握确凿事实之时，对手会狡顽不化，如据理辩驳，定难获胜。实在人不妨从另一渠道抛出一些对手感兴趣的话题，巧妙地将其一步步朝自己所欲达到的目标引去；一旦达到，则迅速抛开话题，借势将对手置于进退维谷、无路可走的绝境。这种说话技巧，就叫做上楼抽梯术。

某市个体服装老板伍某生意越做越大，营业额大幅度上升。税务部门要其补缴税款，但其拒不承认营业额增大。一稽征员多次上门，均被其搪塞过去。

这天，稽征员老谭找到他。稍事交锋后，老谭便换了一种姿态，以关心的口吻问道：

"有笔大生意，做不做？"

"生意人，哪有不做的！啥款式？多少？"

"上次那种西装，200套。"

"我正想吃进一批西装来换季。开价吧！"

"每套150元。如果全要，可打九折。唉，可惜你没有这个肚量！"

"笑话？我就要全吃！"

"你全吃？我提醒你呐：老规矩，货款必须在两个月内付清啊！"

"两个月，我还卖不出来吗？"

"这可是3万多元呐！"

"算个屁！今年以来，我哪个月不卖一两万元？"

"那好，你先把这几个月漏的税补缴了再说吧！"

"你？……天啊！"

这里，老谭用以制服伍某的招数，就是上楼抽梯术。

老谭深知，这场论辩的要害，是要让伍某承认其营业额的增大。讲道理，不通；硬压，不行。于是变换话题，利用税务部门为市场经营牵线搭桥的合法身份和正常职责，以伍某颇感兴趣的西装生意为梯子，适时地搭上了"营业额多少"这座高楼，很有分寸地逐步将伍某朝高楼上引。待其上得楼来，猛然搬梯。这样，伍某就不得不乖乖地补税了。

老子临终前最后一次与其学生辩论真理。

老子："我的牙齿尚存否？"

学生："一颗也没有了。"

老子："舌头尚在否？"

学生："舌头完好地存在着。"

老子："牙齿刚强而无，舌头柔软而在，这是为什么呢？"

学生："牙齿嚼物过累，一生用场太多，磨损而亡。"

老子摇摇头，表示不同意。

另一学生："先生保护得不好，因此牙齿掉了。"

老子摇摇头，仍表示不同意。

众生："老师，我们实在不知其因由。"

老子："你们记住：刚强者死之途，柔弱者活之征；寡欲虚怀，无为随遇；逢强韧取，遇刚柔克。是你等必学水也。水性至柔，而刚强者必腐，水能长存，柔能克刚。"

众生："先生至教，我等铭心刻骨。"

老子在临终之际，以牙齿作梯子，循循善导，最后又撤去梯子，给学生讲道理，其所用的方法也是上楼抽梯术。

上楼抽梯术的关键是要选准梯子，这梯子对对方是有吸引力的。同时，要步步深入，诱导对方"上楼"，当对方一登上高楼，则把握时机，迅速搬去梯子，对手在断了后路的情况下，只好认输。

4. 欲擒故纵显本领

实在人做事不是多讲究欲擒故纵，而是直来直去，方法单一，这是万万要不得的。

如果你喜欢一个女孩，就盯着她说："我好喜欢你！"那你就完了，从此拜倒石榴裙下，不得翻身了。

女人是很不可思议的，你向她说："我好喜欢你。"她也许害怕你的热情而逃走。相反地，你喜欢某个女孩，却故意装得无动于衷地离开她，她反而会加紧功夫来追你。晓得这种道理的人，才能在女人面前吃得开。

跟这个道理一样，在人际关系之中，如果想把对方引到身边，讨好他反而会造成反效果。如果你故意离开对方，他就会在不知不觉中来接近你。

如果你想要和一个女人结婚，开始时你可以用心接近她、讨好她，一旦她有了反应时，就立刻假装离开她。这样一来，对方马上会反过来接近你。这是个紧要关头，你要一把拉住她，然后冲进结婚礼堂。

"将欲夺之，必固与之。"这是行动的要领。在与人的交往中，你自始就一心一意想套住对方，反而会被对方厌恶，认为你死皮赖脸。

《老子》第三十六章中有一句话："将欲歙之，必固张之。将欲弱之，必固强之。将欲废之，必固兴之。"这是说你想要缩小什么的话，一定要先伸长它；想要削弱什么的话，一定要先强固它；想灭掉对手的话，一定要先使他强盛，这是欲擒故纵的曲线式思考。

春秋时代，吴王夫差曾大破越国，幸亏越王勾践用了许多黄金珠宝与美女去贿赂吴王的宠臣伯嚭，请他为越国说好话，越国才免掉了举国被灭的噩运。然而越王与夫人，还是免不了到吴国，一个以吴王的臣子，一个以吴王妾的身份，去侍奉吴王。

越王夫妇到了吴国之后，被吴王关在坟墓旁的一个石室中，并且故意使他们蓬头垢面、衣衫褴褛，叫他们做养马、打扫、煮饭的杂事。勾践遭受这么大的变故与侮辱，虽然心中愤恨不已，但是他经过仔细思考之后，知道如果要报这个大仇，要灭掉吴国，就必须让吴王自以为了不起，让吴王骄奢淫逸，如此才有复兴越国的希望。

于是勾践等人对于他们被分派的微贱工作，一点也未表现出怨恨的样子。有一次吴王夫差生病，勾践还亲自尝食吴王的粪便以诊断病况。他那种忠心耿耿的样子使吴王大为放心，终于释放了他们。

勾践回去后，日夜思量复仇的方法，结论是：要灭吴国，只有让吴国君臣上下耽于逸乐，而且相信越国对他臣服、无二心，依旧采用欲擒故纵的办法。

一方面越王勾践奖励生产、积财经兵，准备有朝一日可以复仇；另一方面派遣最好的木工，拣选最好的建材，赠送给吴王，让吴国大兴宫殿而消耗民力、钱财，同时还派了风华绝代的美女——西施，去蛊惑吴王的心。从此吴王夫差对越国毫无戒心，整日沉迷于女色。越国乘机离间吴王，使他重用小人而疏远忠臣，最后更让吴王杀了吴国的忠臣伍子胥。到时机成熟时，越国一举灭了吴国，杀了夫差，而成就了霸业。

在谋求人生大成功时，不能在敌手面前实实在在，应当欲擒故纵。这种深谋远虑的策略，没有曲线性思考是无法产生的，同时也不能实在地应对对自己造成危险的对手，所以，这些方面都是很重要的。

◎ 二　应对的性格：用不同的方法，下不同的棋

5. 侧击、柔打和幽默

实在人要学会用侧击、柔打和幽默三招去应对别人，以防因直来直去而伤人之心。这一点是非常重要的！

（1）侧面点拨

即不做直言相告，而是从侧面委婉地点拨对方，使其明白自己的不满，打消失当的念头。这一技巧通常借助于问话的形式表达出来，如：A 与 B 是一对好朋友，彼此都视对方为知己。有一次，本单位的青年 C 对 A 说："A，我总觉得 B 这小子为人有点太认真了，简直到了顽固的地步，你说是不是？" A 一听 C 的话顿生反感，心想：你这小子在背地里贬损我的好朋友。但他又不好发作，于是假装一本正经地说："C，我先问你，我在背后和你议论我的好朋友，他要是知道了会不会和我反目为仇？" C 一听这话，脸"刷"地一红，不吭声了。这里 A 就使用了委婉点拨的技巧。面对 C 的发问，他没有直接回答"是"还是"不是"，而是话题一转，给对方出了个难题，而这个难题又正好能起到点拨对方的作用，既暗示了"B 是我的好朋友，我是不会和你合伙议论他的"，又隐含了对 C 背后议论、贬损 B 的不满。同时，由于这种点拨较委婉含蓄，所以也不致让对方太难堪。

（2）柔性敲打

有些女孩子喜欢动不动就生男友的气，以显示自己有个性。如果这个女孩是父母的掌上明珠，或是兄长的娇妹妹，就更是不能容忍别人对她的不满。有些痴情的男孩子因为自己的某句话引起女友的不快，生怕得罪自己的"公主"，会忙不迭地赔礼道歉，更有甚者会贬低自己请求原谅，以示对恋人的忠贞，其实大可不必如此。某局长的千金小徐和本单位的小李谈恋爱时总是显示出某种优越感。因为小李是农家子弟，大学毕业分在公司做职员，没有什么靠山。有一次小徐到小李家做客，对小李家人的一些生活习惯总是流露出看不顺眼的情绪，并不时在小李耳边嘀嘀咕咕。吃过晚饭把小姑子使唤得团团转，又是叫烧水又是让拿茶叶什么的。小李看在眼里很不是滋味，他借机笑着对妹妹说："要当师傅先学徒嘛！你现在加紧培训一下也好，等将来你嫁到别人家里，也好摆起师傅的架子来。"小李这么一说，小徐当时似乎听出了什么，过后不得不在小李面前表示自己有些过分。小李不失时机地用"要当师傅先学徒"的俗话来提醒小徐，避免了直接冲突。即使对方当时略有不满，过后也会有所感悟的。

（3）幽默提醒

幽默是人际关系的润滑剂，有时利用幽默表达一下对对方的不满，也不失为一种好方法。有这样一则小幽默：在饭店，一位喜欢挑剔的女人点了一份煎鸡蛋。她对女侍者说："蛋白要全熟，但蛋黄要全生，必须还能流动。不要用太多的油去煎，盐要少放，加点胡椒。还有，一定要是一个乡下快活的母鸡生的新鲜蛋。"

"请问一下，"女侍者温柔地说，"那母鸡的名字叫阿珍，可合你心意？"

在这则小幽默中，女侍者就是使用了幽默提醒的技巧。面对爱挑剔的女顾客，女侍者没有直接表达对对方所提苛刻要求的不满，而是按照对方的思路，提出一个更为荒唐可笑的问题提醒对方：你的要求太过分了，我们无法满足。从而幽默地表达了对这位女顾客的不满。

另外，对怀有恶意之人，自不必拼个鱼死网破，打动草丛惊走这条蛇就可以自卫；那些粗鲁的家伙冒犯你，只需敲响山石吓跑老虎便可及时收手。置人于死地之事最好不做，做一个可方可圆之人，方能立足于世。

人与人之间的关系是复杂的。实在人总会遇到一些不平之事，不公之人，又不能不去表达我们的不满；对自己亲近的人，有时候也需要巧加指责，让对方明白。但如何表达这种不满却有一定的学问，特别是对于一些非原则性的问题，要做到既能表达出对对方的不满，又不至于破坏和谐的人际关系，确实是不太容易。旁敲侧击、柔性敲打和幽默点拨不失为三个理想的武器。

6. 应付和控制责难

实在人常面临他人责难，遭遇此情况时，一定会心情糟糕。不妨这样应付和控制责难：

（1）善意的责难

听众对所谈有疑问或不同意而提出问题和反对意见。对善意的责难应尽己所知，认真、负责地阐述自己的观点或解答对方的问题，只要不是涉及国家、组织机密和有伤风化等内容的，都应有问必答，不可用"无可奉告"之类的外交辞令搪塞。如果确实回答不了，要老老实实地表示歉意，或者留下另行探讨的话语。

（2）恶意的责难

听众故意刁难说话者，搞恶作剧，以达让发言者难堪、出丑的目的。

对恶意的责难应针锋相对，坚决、果断地予以驳斥或揭露，手法上可以多样化：或反唇相讥，或以牙还牙，或幽默风趣。此外，面对别有用心的攻击，还可运用话题转移法。

一般情况下，人们在同一思维过程中，使用语言的内涵和外延都应是确定的，要符合逻辑的同一律，不能任意改变概念的范围。然而，在某些特殊的场合，人们又可以利用言语本身的不确定性和模糊性来"偷换概念"，使对话双方话题中的某些概念的本质涵义不尽相同，以求得特殊的交际效果。

7. 别封死了自己的后路

能爱自己的敌人的人是站在主动的地位，采取主动的人是"制人而不受制于人"，你采取主动，不只迷惑了对方，使对方搞不清你对他的态度，也迷惑了第三者，搞不清楚你和对方到底是敌是友，甚至会误认你们已"化敌为友"。可是，是敌是友，只有你心里才明白，但你的主动，却使对方处于"接招"、"应战"的被动态势。如果对方不能也"爱"你，那么他将得到一个"没有器量"之类的评语，一经比较，二人的分量立即有轻重，所以当众拥抱你的敌人，除了可在某种程度内降低对方对你的敌意之外，也可避免恶化你对对方的敌意。换句话说，为敌为友之间，留下了一条灰色地带，免得敌意鲜明，反而阻挡了自己的去路与退路。

此外，你的行为，也将使对方失去再对你攻击的立场，若他不理你的拥抱而依旧攻击你，那么他必招致他人谴责。

所以，竞技场上比赛开始前，二人都要握手敬礼或拥抱，比赛后也一样再来一次，这是最常见的当众拥抱你的敌人。

每个人的智慧、经验、价值观、生活背景都不相同，因此与人相处，争斗难免——不管是利益上的争斗或是是非的争斗。而这种争斗，在竞争激烈的工商社会尤其明显。

大部分的人一陷身于争斗的漩涡，便不由自主地焦躁起来，一方面为了面子，一方面为了利益，因此一得了"理"，便不饶人，非逼得对方鸣金收兵或竖白旗投降不可。然而"得理不饶人"虽然让你吹着胜利的号角，但这却也是下次争斗的前奏。"战败"的对方也有一种面子和利益之争，他当然要"讨"回来。

"得理不饶人"是你的权利，但何不"得理且饶人"？

何谓"得理且饶人"？就是放对方一条生路，让他有个台阶下，为他留点面子和立足之地，这不太容易做到，但如果能做到，对自己则好处多多。

（1）得理不饶人，让对方走投无路，有可能激起对方"求生"的意志，而既然是"求生"，就有可能是不择手段，这对你自己将造成伤害。比如老鼠被关在房间内，不让其逃出，老鼠为了求生，将咬坏你家中的器物。放人一条生路，他"逃命"要紧，便不会对你造成伤害。

（2）对方无理，自知理亏，你在理字已明之下，放他一条生路，他会心存感激，来日自当图报。就算不如此，也不至于毁了对方，这有失厚道，得理之处且饶人，也是积德。

（3）人海茫茫，但却常"后会有期"，你今天得理不饶人，焉知他日不二人狭路相逢？若届时他势旺你势弱，你就有可能吃亏，"得理且饶人"，这也是为自己留后路。

另外，你也得想：你得理不饶人，到底有多少"好处"可得？"大好处"既"大"，何妨也"饶人"？因为这对你的"大好处"影响并不大；至于"小好处"，好处既"小"，更没有不饶人的必要。因此：

（1）做事做人，下手不必过重过毒。

（2）"理"字既明，言辞何妨圆滑。

况且，饶人也是一种快乐。

人和动物有些方面是不同的，动物的所有行为都依其本性而发，属于自然的反应。但人不同，经过思考，人可以依当时需要，做出各种不同的行为选择，例如——学会爱你的敌人。学会"爱"你的敌人，这是件很难做到的事，因为绝大部分人看到"敌人"都会有灭之而后快的冲动，或环境不允许或没有能力消灭对方，至少也会保持一种冷淡的态度，或说说让对方不舒服的嘲讽话，可见要"爱"敌人是多么难。就因为难，所以人的成就才有高下之分，有大小之分，也就是说，能当众拥抱敌人的人，他的成就往往比不能"爱"敌人的人要大。

8. 不按常理出牌

很多太实在的人常常习惯于传统的思维方式，按照众人流行的思维定律去思考，走着别人走过的路，干着别人干过的事，要知道社会进步是靠创新来推动的。勇于走进"禁区"，你会采撷到丰硕的果实，打破条条框框的束缚，勇为天下先，才是创新者的风貌。

有次电台请了一位商界奇才做嘉宾主持，大家都非常希望能听他谈一谈成功之道。但他只是淡淡一笑，说："还是出道题考考你们吧。某地发现了金矿，人们一窝蜂地拥去，然而一条大河挡住了必经之道，要是你，会怎么办？"

有人说绕道走，有人说游过去。但他却微笑不语。很久，他说："为什么非得去淘金，为什么不买一条船开展营运？"

大家愕然，他却说，那样的情况下，即使把渡客们宰得只剩下一条短裤，他们也会心甘情愿，因为前面有金矿啊！

思维枷锁的一个重要表现就是"从众枷锁"。"从众"就是服从众人，顺从大伙儿，随大流。在"从众枷锁"的指导下，别人怎样做，我也怎样做。

太实在的人不能够局限于已有的思维框架，要能头脑灵变，去寻找自己的套路，这就叫另辟蹊径。

9. 勇敢地结交朋友

怎样才能赢得想要亲近者的心呢？这是非常棘手的一个问题。

世上有这样一种类型的人，无论何时都板着一副面孔，或摆出一副难以亲近的姿态，令人敬而远之。而且更令人难堪的是，愈比自己杰出的人愈难亲近。尽管你满腔热忱期望结识对方，却因摸不清对方心态而缺乏勇气。

然而，害怕难亲近类型的人是毫无必要的。看起来神情不和悦的人，大多数的情况下，只因天生个性害羞，他们绝对不是充满恶意的人。其实，比起轻率即能接近的类型，难以亲近的类型中反而更多好人。

看似难以亲近的人本身虽然也希望自己平易近人，但是由于生性害羞，因此无法完美地表现出平易近人的气质，而使外观看起来冷漠平淡，人人避之唯恐不及。"不知为什么人家总是远远地躲开我呢？"他们总是怀着这种孤独感。这种孤独感，会使他们陷入愈来愈难亲近的处境，这是恶性循环的结果。

因此，对于这种类型的对象，你要剑走偏锋怀着大胆闯入的心情去接触。比方说，你不妨鼓起勇气试着接触这些看起来最令人敬畏的对象，对方必定出乎你意料之外地张臂欢迎你。而且，在稍后可以成为你信赖对象的，正是这一类型的人。

因此，即使最初必须爬越的墙垣极高，一旦你和难以亲近的人展开交往时，大都可以简单地成为知己。反之，在最初阶段墙垣愈低的人，由于内心大都另有一道墙垣，即使可以简单建立起肤浅的交情，却不容易往下推展彼此的关系。

就此观点而言，虽然这部分人表面上很傲慢，像是很难接近，但是基本上，他们仍属害羞的产物。"因为我生性害羞，所以不扩展路子也无所谓……"这种想法却属错误的判断。你最好明白没有人是不会害羞的，而且，愈害羞的人愈值得信赖。

因此，如果你想扩展路子，与其为自己生性害羞感到惭愧，不如承认自己确实害羞。此外，你也必须承认自己只拥有少数朋友。即使认识的人一样多，有些人会觉得自己朋友少，但也有人会觉得自己交友广阔。然而，真正拥有扩展路子机会的人却是前者。感觉自己朋友少，并不意味着实际上认识的人数少，而是代表自己心中认定拥有朋友的判断标准较严格。

10. 绕点圈子，别怕麻烦

美国一位经销《百科全书》的推销员，在上门推销一部儿童《百科辞典》时，碰上了一位非常固执的太太。她说什么也不愿掏钱为孩子买一部《百科辞典》。我们现在摘录的只是推销员与这位太太的一小部分对话。

"先生，我的孩子对书根本不感兴趣，为他花那么多钱买一部《百科辞典》，这不是浪费吗？"太太说道。

推销员看这位太太如此固执，决定"攻一攻"她，他环顾了一下太太家中的陈设，说道："太太，我敢担保，您的这幢房子至少已有50年以上的历史了，可它至今仍这样坚固，当初地基一定打得好。要想孩子长大有出息，就得从小打下良好的基础才行，而我们的《百科辞典》，正是为孩子们打基础用的。"

"我的孩子讨厌读书，请您不要逼我花冤枉钱吧！"

"我怎么会逼您呢？"推销员柔声说道，"夫人，热爱孩子难道不是母亲的天性吗？如果您的孩子得了感冒，或四肢发育不良，您会对他不闻不问吗？您一定早就带他去医院诊治了，就是花再多的钱，您也是愿意的，您说对吗？"

"这又有什么相干？"

推销员这时脸色严肃起来："怎么不相干呢？感冒和四肢有病，这是身体的病。一个人头脑也会得病，会得种种看不见的病。孩子的厌读症就是其中的一种。我们的《百科辞典》正是医治孩子厌读症的良药。您看，这儿的插图多漂亮，故事多有趣！为了医治您孩子的厌读症，您难道就不愿意花这一点钱？您就愿意让他变成一个头脑简单、没有出息的人？哪怕权当智力投资，您也该为孩子买一部儿童《百科辞典》呀。"

"我真服了你了，你真会绕！"这位太太露出了笑脸，"每月的分期付款是多少？"

推销员成功了。他在对方表示不愿购买后没有泄气，也没有去直接说服，而是用了一个巧妙的比喻，把话题引开，最后又自然引到让对方买书上，水到渠成。

实在人不会绕圈，是因为性格中容不得说违心话。其实，绕圈说话，往往是解决难题的"杀手锏"。

三

戒露的性格：
太聪明未必都好

1. 聪明反被聪明误

聪明过了头，自然是会被聪明误。例如一个上司精明于深藏不露，喜怒不形于色固然是上司控制下属的有效手段，但有时做得过了头，不仅不能达到树立威信的目的，反而引起下属的逆反心理，结果适得其反。

民国初年，袁世凯一心想登上皇帝的宝座。他指使党羽大造舆论，一时间谣言四起，劝进者络绎不绝。袁世凯心中暗自高兴，但表面上装得煞有介事，一有机会就向别人表白自己是拥护共和忠于民国的，即使在他的心腹大将冯国璋、段祺瑞面前也是如此。

据说，冯国璋曾专程赶到北京向袁世凯探听虚实。袁世凯装得一本正经："国璋，你我是自己人，难道你不懂得我的心事？不妨对你明说，总统的权力和责任已经与皇帝没有区别，除非为儿孙打算，实在没有做皇帝的必要。我的大儿子身带残疾，老二想做名士，我给他们排长做都不放心，能够委以国家的重任吗？而且，中国一部历史，帝王家总是没有好结果的，即使为儿孙打算，我更不忍把灾害给他们。当然，皇帝还可以传贤不传子。但总统同样可以传贤，在这个问题上，总统、皇帝不就是一样的吗？"

冯国璋听后插言道："总统说的是肺腑之言。可是，将来总统功德巍巍，到了天与人归的时候，只怕要推也推不掉哪！"

袁好像很生气的样子，坚定地说："不，我决不干这种傻事！我有一个孩子在伦敦读书，我帮他在那里置了点产业。如果有人一定要逼迫我，我就出国到伦敦，从此不问国事。"

冯国璋听了老袁如此诚恳的表白，自然也就不存在任何疑心了。

然而，冯国璋刚刚离开袁府，袁世凯就气冲冲地回到书房，大骂冯国璋忘恩负义，连声说："冯国璋真是岂有此理！国璋真是岂有此理！"

老奸巨猾的袁世凯向来喜欢让部下猜测自己的心思，由于城府过深，连心腹大将有时也难以领会他的真实意图。冯国璋自恃跟随老袁多年，他把袁世凯的一番假话当成了肺腑之言。但纸是包不住火的，冯国璋刚回南京，活灵活现的帝制机关——筹安会便公然通电成立了。冯不禁跳起脚来发火说："老头子真会做戏！他哪里还把我当做自己人！"从此与老袁分道扬镳。真可谓"聪明反被聪明误"，袁世凯深藏不露，机关算尽，结果只落得个部下离心离德、众叛亲离的可耻下场！

物极必反，任何事情都有一个限度。对深藏不露的意图可利用，却不可滥用，尤其不可泄露。一切智术都须加以掩盖，因为它们招人猜忌；对深藏不露的意图更应如此，因为它们惹人厌恨。欺诈行为十分常见，所以你务必小心防范。但你却又不能让人知道你的防范心理，否则有可能使人对你产生不信任。人们若知道你有防范心，就会感到自己受了伤害，反会寻机报复，弄出意料不到的祸患。凡事三思而行，总会得益良多。此事最宜深加反省。一项行动是否能圆满到极点，取决于实现行动的手段是否周全。

2. 切忌把自己当成绝顶聪明人

如果你能顺利地看透对方的本意，事情是不是就算完了呢？不，双方的斗智这时才真正开始。能透视对方的内心，只不过使你得到一种有利武器罢了，更重要的是，你应如何使用抓在手中的这把利器？如果不懂得使用的方法，只知道手拿利器乱挥乱舞，不但不能击中别人，反而很有可能伤害到自己，因此切勿乱用这把容易伤人的利器。

首先介绍一段因为夸耀自己有先见之明而导致失败的故事。

魏王的异母兄弟信陵君，在当时名列"四公子"之一，知名度极高，因仰慕信陵君之名而前往的门客，达3000人之多。

有一天，信陵君正和魏王在宫中下棋消遣，忽然接到报告，说是北方国境升起了狼烟，可能是敌人来袭的信号。魏王一听到这个消息，立刻放下棋子，打算召集群臣共商应敌事宜。坐在一旁的信陵君不慌不忙地阻止魏王，说道："先别着急，或许是邻国君主行围猎，我们的边境哨兵一时看错，误以为敌人来袭，所以升起烟火，以示警戒。"

过了一会儿，又有报告说，刚才升起狼烟报告敌人来袭，是错误的，事实上是邻国君主在打猎。

于是魏王很惊讶地问信陵君："你怎么知道这件事情？"信陵君很得意地回答："我在邻国布有眼线，所以早就知道邻国君主今天会去打猎。"

从此，魏王对信陵君逐渐地疏远了。后来，信陵君受到别人的诬陷，失去了魏王的信赖，晚年耽溺于酒色，终致病死。

任何人知道了别人都不晓得的事，难免会产生一种优越感，对于这种旁人不及的优点，我们必须隐藏起来，以免招祸，像信陵君这样知名的大政治家，因一时不知收敛而导致终身遗憾，岂不可惜？

下面再说一段和信陵君情形刚好相反的故事。

齐国一位名叫隰斯弥的官员，住宅正巧和齐国权贵田常的官邸相邻。田常为人深俱野心，后来欺君叛国，挟持君王，自任宰相执掌大权。隰斯弥虽然怀疑田常居心叵测，不过依然保持常态，丝毫不露声色。

一天，隰斯弥前往田常府第进行礼节性的拜访，以表示敬意。田常依照常礼接待他之后，破例带他到邸中的高楼上观赏风光。隰斯弥站在高楼上向四面瞭望，东、西、北三面的景致都能够一览无遗，唯独南面视线被隰斯弥院中的大树所阻挡，于是隰斯弥明白了田常带他上高楼的用意。

隰斯弥回到家中，立刻命人砍掉那棵阻碍田常视线的大树。

正当工人开始砍伐大树的时候，隰斯弥突然又命令工人立刻停止砍树。家人感觉奇怪，于是请问究竟。隰斯弥回答道：

"俗话说'知渊中鱼者不祥'，意思就是能看透别人的秘密，并不是好事。现在田常正在图谋大事，就怕别人看穿他的意图，如果我按照田常的暗示，砍掉那棵树，只会让田常感觉我机智过人，对我自身的安危有害而无益。不砍树的话，他顶多对我有些埋怨，嫌我不能善解人意，但还不致招来杀身大祸，所以，我还是装着不明不白，以求保全性命。"

这一段故事告诉我们，知道得太多会惹祸，这也是中国古代聪明人的一种明哲保身之策。

现代的人心透视术也正要注意此点，不要让对方发觉你已经知道了他的秘密，否则完全失去了透视人心的意义。不过，如果故意要使对方知道你能看穿他心意的话，当然就不在此限之内。

辛苦得到的透视人心武器，究竟应该如何运用？这要视各人的立场来决定。例如：

对方自以为得意的事情，我们要尽量加以赞扬；对方有可耻事情的时候，要忘掉不提。

当对方因为怕被别人议论为自私而不敢放手去做的时候，应该给他冠上一个大义名分，使他具有信心放手去做。

对于自信心十足，甚至有些自负的人，不要直接谈到他的计划，可以提供类似的例子，从暗中提醒他。

要阻止对方进行危及大众的事情时，需以影响名声为理由来劝阻，并且暗示他这样做对他本身的利益也有害。

想要称赞对方时，要以别人为例子，间接称赞他；要想劝谏时，也应以类似的方法，间接进行劝阻。

对方如果是颇有自信心的人，就不要对他的能力加以批评；对于自认有果断力的人，不要指摘他所做的错误判断，以免造成对方恼羞成怒；对于自夸计谋巧妙的人，不要点破他的破绽，以免对方痛苦难过。

说话时考虑对方的立场，在避免刺激对方的情况下发表个人的学识和辩才，对方就会比较高兴地接受你的意见。

不用多说大家也会知道，以上的进谏方法，适合于下级对上级，也可以适用于一般的人际关系。如果能够站在对方的立场，替他考虑分析的话，那么你就可以真正取得对方的信任。

"站在对方立场来考虑"的人心透视法，同时也能适用于透视对方之后的下一步对策。

这种方法说得更明白一点，就是在不使对方洞察你的意图的情况下，让对方在不知不觉中自己去体会、认识。这其间的技巧，就在于从旁策动，使对方以为自己原来就打算这样做，丝毫也没有发觉自己正为他人所左右着！

总而言之，当自己看穿对方心意之后，千万不要露出破绽，让一切计划进行得很自然，这样才能使你的策略实行得圆满顺利。

当一个人看透对方心意后，要决定采取何种行动，是相当困难的，其困难的程度或许更甚于透视对方心意。尤其是当事情和自己有密切关连的时候，要保持心态的稳定，更不容易。所以，在打算试探对方之前，必须在心理上先做准备，否则一旦事情发展到对自己相当不利的情况时，本身就会先发生动摇，计划的进行当然就会受到或多或少的阻碍。

举个例子，当你发现对方暗中有背信行为时，就怒气冲天，不能冷静地考虑对策，自然就无法正中要害，给他致命的一击。因此，遇到这种情况，必须冷静应付，否则前功尽弃，枉费心机！

做人之道，当以明白自己该怎么做为第一大要，否则就会糊涂行事，不但办不成事，而且还会增添更多的麻烦。按照成功学的原理，为人处世必须牢记"明白"两字，才能明察秋毫，判断是非。否则眼前就会被"迷雾"笼罩。

3. 以愚治智

愚智之别，不外乎糊涂与聪明之间的高下。愚者不一定全输，智者不一定全赢。何以见得呢？

明朝时候，江南有一个名士叫徐铉，巧舌如簧，能言善辩。有一次被派作押解史，送贡品沿运河进京。按惯例，朝廷应派人出京城登船迎接。满朝文武都知道徐铉能说会道，怕自己说不过他难堪，纷纷托辞不往。丞相于是就把皮球踢到明成祖面前，让他裁处。明成祖不假思索，拿起朱笔，从宫中做服侍工作的人中随便勾了一个，叫丞相就派这个人去做钦差。

钦差上了船，徐铉自是恭敬不已，口若悬河般谈起来。钦差说了几句例行公事的客气话，就缄口不言了。徐铉见钦差这样，以为他深有城府更加兴奋，谈锋如云。而钦差只是望着徐铉，微微作笑，点头认可，不予半句答辩。徐铉谈了半天，口干舌燥，自觉没趣，也就罢口不说了。

像徐铉这样的人的确难于对付，他口齿伶俐，思维敏捷，如果有人与他论三辩四，他可能还有超常的发挥。但明成祖不这样做，他派一个侍臣做钦差，以愚治智，使徐铉的口才白白浪费，只好自己抿口敛嘴。徐铉侃侃而谈而无人应和，顿觉尴尬无比，快快地败下阵来。明成祖的手法可谓高明。

再看一例：蜀后主刘禅是中国历史上一个赫赫有名的人物。他之所以有名，并不是因为他能干，而恰恰是因为他"无能"——按照通常的说法，此人是个典型的低能人物。关于他，有许许多多或多或少带有侮辱性质的传说，以至于后来，连他的乳名"阿斗"也成了呆笨无能的代名词。

那么，刘禅究竟是个什么样的人呢？从自保的角度而言，他乃是个大智若愚的非凡之才。

公元263年5月，曹魏大举攻蜀，蜀国兵力不敌，刘禅被迫投降。

由于刘禅的"识时务"，因而受到敌方的优待。次年，刘禅被迁北上，来到洛阳。

到了洛阳之后，刘禅发现事情有些微妙：曹魏封他为安乐公，而曹魏的实权派人物，刚刚晋封为晋王的司马昭对他却外信内疑，怀有戒备心理。因此，这位人称阿斗的蜀汉后主皇帝决心利用自己的"阿斗"性格来自保。

不久，司马昭设宴招待刘禅。席间特请人演出蜀地技艺，由于司马昭的暗中布置，有些人假做触景生情状，忍不住暗暗抽泣。坐在司马昭身旁的刘禅本也应哀伤于心，但他看见司马昭那阴晴不定的面孔时，一下子提高了警惕，因而强充笑脸，喜笑自若。一心以为刘禅是个扶不起的"阿斗"的司马昭见了放下心来，悄悄对他的亲信贾充说："人之无情，乃至于此。虽使诸葛亮在，不能辅之久全，况姜维邪？"

一向被称为"清客"的贾充凑趣地说："不如此，公何由得之！"

戏艺终了之时，司马昭戏问刘禅："颇思蜀否？"

46

一惊之后，刘禅答道："此间乐，不思蜀也！"

这句话居然骗过了司马昭，甚至骗过了与刘禅一起降魏的蜀汉旧臣法正，宴会之后，法正对刘禅进言说："主公方才的答话有些不妥。如果以后司马公再问您这类话，您应该流着眼泪，难过地说：'祖先的坟墓都在蜀地，我怎能不想念呢？'"思索了片刻，刘禅点了点头。

几天以后，疑心仍未完全消除的司马昭，又一次问起刘禅是否想念故国。按照法正的指教，刘禅背出了那几句话，并装作一副悲伤的样子，只是竭力不让眼泪流出来。司马昭见了，心中有数（早与法正有过沟通），突然说道："你的话怎么像法正的腔调？"

刘禅假装一惊，睁开眼，说："您先生怎么知道？这正是法正教我的！"

自此以后，司马昭忙于篡位，遂不再对刘禅生毒害之心。

靠明哲保身的韬晦之计，刘禅虽身处险境而有惊无险，平安地了却了余生。

在为人处世中，有些人巧妙地利用了自己在他人心目中的"愚钝"和"低能"，明哲保身，骗过了无数聪明的当事者。真应了那句名言："愚蠢者最聪明，聪明者最愚蠢。"

4. 虚荣心害人

要想在世上寻找一个毫无虚荣心的人，就和要寻找一个内心毫不隐藏低劣感情的人一样困难。其实，虚荣心不过是人们想借它来遮掩他们低劣的心理罢了。但是在小聪明者的身上，这种虚荣心更为突出。

有一个人做生意失败了，但是他仍然极力维持原有的排场，唯恐别人看出他的失意。为了能有朝一日东山再起，他经常请人吃饭，拉拢关系。宴会时，他租用私家车去接宾客，并请了两个钟点工扮作女佣，佳肴一道道地端上，他以严厉的眼光制止自己久已不知肉味的孩子抢菜。虽然前一瓶酒尚未喝完，他已砰然打开柜中最后一瓶 XO。当那些心里有数的客人酒足饭饱告辞离去时，每一个人都热烈地致谢，并露出同情的眼光，却没有一个人主动提出帮助他。

希望博得他人的认可是人的一种无可厚非的正常心理，然而，人们在获得了一定的认可后总是希望获得更多的认可。所以，人的一生就常常会为寻求他人的认可而活在爱慕虚荣的牢笼里面。事实上，这也就流露了需要征得他人的认可和同意的虚荣心理，你对我的看法比我对自己的看法更重要。

你也许把非常多的时间用在了努力征得他人的同意上，或者说用在了担心他人不同意你做的那些事情上。如果他人的赞同或同意成了你生命中的"必需"，那么，你又多了一件要干的事。你可能开始时认为，我们都喜欢掌声、恭维和表扬。别人拍我们的马屁时，我们感觉都非常好。谁不愿意被人奉承、恭维呢？没有必要不允许人们这样做。他人的赞同本身并没有害处，事实上，谄媚使人感到愉悦。寻求他人的赞许只有在它成了一种必需而非一种渴望的时候才是一种误区，才成为一种爱慕虚荣的表现。

如果你渴望他人的赞许或同意，那么，一旦获得了他人的认可，你就会感到幸福、快乐。但是，如果你陷入这种无法摆脱的虚荣之中，那么，一旦没有得到它，你就会感到身价暴跌。这时候，自暴自弃的因素就会潜入进来。同样，一旦征求他人的同意成了你的一种"必需"，那么，你就把你自己的一大部分交给了"外人"。在爱慕虚荣心理的驱使下，为得到他人的认可，"外人"的任何主张你都必须听从，甚至在很小的事情上。如果"外人们"不同意你，你就不敢轻举妄动。在这种情况下，虚荣心使得你选择的是让他人去申诉你的尊严或留给你面子。只有当他们给予你表扬时，你才会感觉良好。

这种征得他人同意的虚荣心极其有害，但是，真正的麻烦随着事事必须请示他人而来。如果你果真携有这样一种虚荣心，那么，你的人生就注定会有许多痛苦和挫折。而且，你会感到自己的自我形象是软弱无力的，是没有社会地位的。

如果你想获得个人的幸福，你必须将这种征得他人同意的虚荣心从你的生命中根除掉。这种虚荣心是心理上的死胡同，绝不可能使你从中得到任何好处。

由于爱慕虚荣因而引发的竞争惨剧，是最不幸最恶劣的事。人们因虚荣的竞争而送掉性命的惨例是举不胜举的，而爱慕虚荣的人能够永远维持他的虚荣的例子却屈指可数！凡虚荣的人，他总有一天，会和他的邻人、同事、老婆、儿女，甚至不知虚荣为何事的自然界发生冲突，最后一败涂地。虚荣虽然可以自欺欺人，但它断乎欺骗不了自然，虚荣是反对自然的一种侮辱，但自然是不容任何侮辱的。

人类的虚荣之心，已经是根深蒂固，难以铲除的了。自古以来，许多哲学家、宗教家都曾提出警告，还加以道德的攻击，然而都无用，它不但不曾因此而稍杀其威，而且越来越猖獗了。要想从根本上解决人类的虚荣问题，根本不在如何破坏它，而是在于如何改善它，诱导它走向有用的方面去。倘有人因为有钱而虚荣，只要告诉他，把他的钱拿出来经营一种事业，使人类的生活多一种安全的保障，那么，便可以得到人们的原谅了。

虚荣是一种特性，是取攻势不是取守势的，所以虚荣的人，不但会拿利刃刺进自己的低劣感情，而且还会把利刀掉转头去，去刺别的人；所以凡是虚荣的人，他们周围便都是他们的仇敌，因此他享受不到生活上互助的快乐。

5. 聪明是一把刀

世上有真聪明与假聪明之分。可惜的是有些人属于假聪明，却不自知，其结果可想而知。

三国时期，杨修在曹操手下任主簿，起初曹操很重用他，杨修却不安分起来，起先还是要要小聪明。如有一次有人送给曹操一盒奶酪，曹操吃了一些，就又盖好，并在盖上竖着写了"一合酥"三个字，大家都弄不懂这是什么意思。杨修见了，就拿起匙子和大家分吃，并说："这'一合酥'就是叫人各吃一口啊，有什么可怀疑的！"

还有一次，建造相府，才造好大门的构架，曹操亲来察看了一下，没说话，只在门上写了一个"活"字就走了。杨修一见，就令工人把门造窄。别人问为什么，他说门中加个"活"字不是"阔"吗，丞相是嫌门太大了。

总之，杨修其人，有个毛病就是不看场合，不分析别人的好恶，只管卖弄自己的小聪明。当然，光是这些也还不会出什么大问题，谁想他后来竟渐渐地搅和到曹操的家事里去了。

在封建时代，统治者为自己选择接班人是一个极为严肃的问题，而那些有希望接班者，也不管是兄弟还是叔侄，简直都红了眼，所以这种斗争往往是最凶残、最激烈的。但是，杨修却偏偏要不识时务地挤到这场危险的赌博里去，而且还忘不了时时地卖弄自己的小聪明。

曹操的长子曹丕、三子曹植，都是曹操选择继承人的对象。曹植能诗赋，善应对，很得曹操欢心。曹操想立他为太子。曹丕知道后，就秘密地请歌长（官名）吴质到府中来商议对策，但害怕曹操知道，就把吴质藏在大竹片箱内抬进府来，对外只说抬的是绸缎布匹。这事被杨修察觉，他不加思考，就直接去向曹操报告，于是曹操派人到曹丕府前盘查。曹丕闻知后十分惊慌，赶紧派人报告吴质，并请他快想办法。吴质听后很冷静，让来人转告曹丕说："没关系，明天你只要用大竹片箱装上绸缎布匹抬进府里去就行了。"结果可想而知，曹操因此怀疑是杨修帮助曹植来陷害曹丕，十分气愤，就更讨厌杨修了。

还有，曹操经常要试探曹丕、曹植的才干，每每拿军国大事来征询他们的意见，杨修就替曹植写了10多条答案，曹操一有问题，曹植就根据条文来回答，因为杨修是相府主簿，深知军国内情，曹植按他写的回答当然事事中的，曹操心中难免又产生怀疑。后来，曹丕买通曹植的随从，把杨修写的答案呈送给曹操，曹操气得两眼冒火，愤愤地说："匹夫安敢欺我耶！"

又有一次，曹操让曹丕、曹植出邺城的城门，却又暗地里告诉门官不要放他们出去。曹丕第一个碰了钉子，只好乖乖回去，曹植闻知后，又向他的智囊杨修问计，杨修干脆告诉他："你是奉魏王之命出城的，谁敢拦阻，杀掉就行了。"曹植领计而去，果然杀了门官，走出城去，曹操知道以后，先是惊奇，后来得知事情真相，愈加气恼，于是开始找岔子要除掉这个不识趣的家伙了。

最后机会果然来了，建安二十四年（公元219年），刘备进军定军山，他的大将黄忠杀死了曹操的膀臂夏侯渊，曹操亲自率军到汉中来和刘备决战，但战事不利，要前进害怕刘备，要撤退又怕被人耻笑。一天晚上，护军来请示夜间的口令，曹操正在喝鸡汤，就顺便说了："鸡肋。"杨修听到以后，便又耍起自己的小聪明来，居然不等上级命令，只管教随从军士收拾行装，准备撤退。曹操知道以后，他竟说："魏王传下的口令是'鸡肋'，可鸡肋这玩艺儿，弃之可惜，食之无味，正和我们现在的处境一样，进不能胜，退恐人笑，久驻无益，不如早归，所以才先准备起来，免得临时慌乱。"曹操一听，差点把脑血管气炸，大怒道："匹夫怎敢造谣乱我军心！"于是喝令刀斧手，将杨修推出斩首，并把首级悬挂在辕门之外，以为不听军令者戒。

虽然曹操事后不久果真退了兵，但平心而论，杨修之死也确实罪有应得。试想两军对垒，是何等重大之事，怎么能根据一句口令，就卖弄自己的小聪明，随便行动呢？无论有没有前面所说的那些芥蒂，单这一点也足以说明杨修其人是恃才傲物，我行我素，只相信自己，不考虑事情后果的。杨修的办事为人，确实值得考虑，我们只应把他作为前车之鉴，切不可把他当成聪明的楷模。

6. 莫因聪明自毁前程

聪明人为什么会遇到失败的尴尬呢？

许多智商极高的人会做出各式各样自毁前程的蠢事，其原因大体是：

（1）骄傲自大

聪明人总是比一般人多知道些事情，因此很容易就以为自己无所不知。

（2）孤立无援

一个人如果特别聪明，那么他从小就容易离群孤立，因为他觉得自己和其他儿童格格不入，对思维比他们慢的人不耐烦，于是很自然地会物以类聚，只和别的聪明少年交往。成年后如果继续保持这种习惯，"天马行空，独往独来"，不屑与人合作，并用自己的聪明排斥他人的经验，拒绝接受他人的意见，大事就不妙了。

（3）不顾后果

聪明人总是在想"我的下一个高招是……"由于他们老是觉得自己无所不能，他们都喜欢行险招，结果往往是聪明反被聪明害。

（4）过分好胜

许多聪明人都不了解一个简单的事实：强中更有强中手，那山更比这山高，即使你站在某一领域的顶点，你在这方面胜人一筹，也并不等于在另一方面也一定能成功。

聪明人失败的关键原因在于：看不起别人，常把自己摆在高高的位置上，而且做事不计后果，总想把人打败。

7. 不过分炫耀自己

《庄子》中有一句话叫"直木先伐，甘井先竭"。一般所用的木材，多选择挺直的树木来砍伐；水井也是涌出甘甜者先干涸。由此观之，人才的选用也是如此。有一些才华横溢，锋芒太露的人，虽然容易受到重用提拔，可是也容易遭人暗算。

隋代薛道衡，13岁时，能讲《左氏春秋传》。隋高祖时，作内史侍郎。隋炀帝时任潘州刺史。大业5年，被召还京，上《高祖颂》。隋炀帝看了不高兴，说："这只是文词漂亮。"拜司隶大夫。隋炀帝自认文才高而傲视天下之士，不想让他们超过自己。御史大夫乘机说薛道衡自负才气，不听训示，有无君之心。于是隋炀帝便下令把薛道衡绞死了。天下人都认为薛道衡死得冤枉。他不正是锋芒毕露遭人嫉恨而命丧黄泉的吗？

那么，遇到这种情况怎么办呢？《庄子》中提出"意怠"哲学。

"意怠"是一种很会鼓动翅膀的鸟，别的方面毫无出众之处。别的鸟飞，它也跟着飞；傍晚归巢，它也跟着归巢。队伍前进时它从不争先，后退时也从不落后。吃东西时不抢食、不脱队，因此很少受到威胁。表面看来，生存方式显得有些保守，但是仔细想想，这样做也许是最可取的。

南朝刘宋王僧虔，是东晋王导的孙子。宋文帝时官为太子中庶子，武帝时为尚书令。年纪很轻的时候，僧虔就以擅写隶书闻名。宋文帝看到他写在白扇子上面的字，赞叹道："不仅是字超过了王献之，风度气质也超过了他。"到宋孝武帝时，宋孝武帝想自己一人以书法名闻天下，僧虔便不敢露出自己的真迹。大明年间，他常常把字写得很差，因此而平安无事。

凡事预先留条退路，不过分炫耀自己的才能，这种人才不会犯大错。这是现代高度竞争社会里，看似平庸，但是却能按自己的方式生存的一种方式。所以，有才华的人必须把保护自己也算作才华之列，一个不会自我保护的人有才华，却使才华过早地埋没，而不能为社会做更多的事。

8. 不显喜怒，深藏不露

没有喜怒哀乐的人并不存在，他们只是不把喜怒哀乐表现在脸上罢了。而在人际交往中，做到这一点是很重要的。所以，要把喜怒哀乐藏在口袋里，别轻易拿出来给别人看。换句话说，不轻易表露自己的观点、见解和喜怒哀乐，被称为"深藏不露"，这是用以控制对手的一种重要方法。有些人喜欢把自己的思想感情隐藏起来，不让别人窥出自己的底细和实力，这样对手就难以钻空子了，否则就容易暴露自己的真实面目。

唐代奸相李林甫口蜜腹剑，惯于隐藏自己的真实意图，城府极深，具有笼络驾驭部下的过人本领。

唐玄宗宠信重用番将安禄山，此人大奸似忠，貌似粗犷，内有计谋。表面上给人一种憨厚忠直的印象，骨子里却狡诈多端。安禄山想方设法讨取了唐玄宗和杨贵妃的欢心，权位日高，架子也大了起来，渐渐不把朝臣们放在眼里。除了在玄宗面前假装恭顺以外，对其他人却傲慢无礼，这种情况早被李林甫看在眼里。

一天，李林甫召见安禄山。安禄山到李宅之后，长揖拜见，端坐在客位上，显露出一种盛气凌人的架势。李林甫也不动声色，只是用两只眼睛一动不动地看着他，一句话也没说。安禄山见李林甫目光深邃，咄咄逼人，感到有些不自然，盛气顿时减了一半。这时，李林甫转身告诉下人，有事去宣召王珙大夫进见。王珙进屋之后，刷刷刷地迈着小碎步走上前，规规矩矩地向李林甫大礼参拜，十分谨慎小心，诚惶诚恐，好像很怕说错一个字、迈错一条腿似的。当时王珙在朝廷中的实际地位是仅次于李林甫的第二号人物，从来都和安禄山平起平坐。安禄山见王珙对李林甫如此敬重畏惧，不由自主地感到有些窘迫，虽然没去补拜大礼，也立刻恭谨起来，不敢出大气。王珙走后，李林甫才和安禄山说话。他把安禄山所作所为的意图和心理活动都说得十分透辟，全说到安禄山的心里去了，安禄山大吃一惊，想不到自己心灵深处的隐私也让李林甫含而不露地点了出来，立时汗流浃背，衬衣湿得粘在身上。这时，李林甫脱下自己穿着的袍子给安禄山披上，用好话安慰他一番。从此，安禄山虽然经常侮慢别的朝廷大臣，却非常惧怕李林甫。每次来京城，他都要小心谨慎地拜谒李林甫，每次交谈，李林甫都能洞察他的心扉，使他面容改色，汗流浃背。在范阳时，每当有使者从京城归来，安禄山问的第一句话就是李林甫说他什么了，如果有褒扬他的话就满心欢喜，如果有警告他的话就用手摸着额头说："哦，我可得多加小心，不然，大祸就要临头了。"安禄山怕李林甫竟怕到这种程度。李林甫也看出安禄山已蓄反心，但觉得自己死前可保无忧，反正安禄山不能取代自己的相位。只要生前能享受荣华富贵，至于唐朝江山如何，哪还顾得上管它呢？所以安禄山在李林甫死前始终未敢做乱。

李林甫晚年与杨国忠争权，杨国忠背后有杨贵妃撑腰略占上风。当时李林甫年老病重，已成风中之烛。听说李林甫已经生命垂危，杨国忠心中暗喜。为了探听虚实，就亲自去李林甫家中问候。不知为何，李林甫虽然病容憔悴，但目光还是那么尖锐，杨国忠不由自主地腿就软了，"扑通"一声跪倒在病床前。李林甫见状，流下两颗泪珠，说："林甫就要死了，我死后你必当宰相，以后我的家事就要托付你了。"杨国忠早领教过李林甫的厉害，深知此人狡猾奸伪，因惧怕李林甫设计诈骗，所以非常紧张，满头大汗，竟半天不敢说话。李林甫城府之深由此可窥豹一斑。

事实上，喜怒哀乐是人的基本情绪，这世界上应该没有这种人——心如止水，没有喜怒哀乐吧！如果有的话，只能是"植物人"。没有喜怒哀乐，这种人其实蛮可怕的，因为你不知道他对某件事的反应、对某个人的观感，让人面对他时，有不知如何应对的慌乱。无论何人，多多少少练就了察颜观色的本事，他们会根据你的喜怒哀乐来调整和你相处的方式，并进而顺着你的喜怒哀乐来为自己谋取利益。你也会在不知不觉中，意志受到了别人的掌控。如果你的喜怒哀乐表达失当，有时会招来无端之祸。因此，高明的掌权者一般都不随便表现这些情绪，以免被人看破弱点，予人以可乘之机。越是精于权术的人，城府便越深。

9. 大多的灾祸是从自己的言谈中招来的

中国有句俗话说："言多必失。"它是讲，一个人总是滔滔不绝地说话，说的多了，言语中就自然而然地会暴露出许多问题。例如你对事物的态度，你对事态发展的看法，你今后的打算等等，会从言语中流露出来，被你的对手所了解，从而制定出相应的策略来战胜你。而且，你的话多了，其中自然会涉及到其他人。由于所处的环境不同，人的心理感受不同，而同一句话由于地点不同、语气不同，所表达的情感也不尽相同，别人在传话的过程中也难免会加入他个人的主观理解，等到你谈的内容被谈话对象听到时，意思可能已经大相径庭，势必造成误解、隔阂，进而形成仇恨。

另外，人处在不同的状态下，讲话的心情不同，话的内容也会不同。心情愉快的时候，看事看人也许比较符合自己的心思，故而赞誉之言可能会多；有时心情不愉快，讲起话来不免会愤世嫉俗，讲出许多过头的话，招来很多麻烦。

所以古人说："治理中显露的，是大众的小事；治理中默然无声的，是圣人的表现；存心于私利的，是小人的追求；存心于远大的，是圣人的事业。"

俗话说"病从口入，祸从口出"，这句话确实有一定的道理。大多的灾祸是从自己的言谈中招来的，因而慎言少祸。

言谈的灾祸，主要表现在以下几个方面：一是对国事、政事的滥发议论，所以在古代以及解放前的茶馆及旅店门上挂有"莫谈国事"的牌匾；二是对身边的人和事评头论足，正是这种不考虑后果的高谈阔

◎ 三 戒露的性格：太聪明未必都好

论，惹怒了上司和同事，从而埋下了灾祸的导火线；三是在众人之中鼓唇弄舌，搬弄是非，像长舌妇一样，今天道东家长，明天说西家短，这种缺少修养的言谈，没有不遭到报复的。说话能把握尺寸，说得恰到好处，是一种修养，一种水平，既不能喋喋不休，口若悬河，又不能该说话时却沉默寡言。可见，言谈能反映出一个人为人处世的涵养功夫，要把握好分寸和态势。

言多者必有所误，所误必有所失。为人处世，不可言多，道理自在。

四

守稳的性格：
越急越会弄糟事

1. 退一步路更宽

真聪明者善于以柔克刚，以退为进，这种曲线方式，有时比直线的方式更有效。

一位留美计算机博士学成后在美国找工作。有个吓人的博士头衔，求职的标准当然不能低。结果，他连连碰壁，好多家公司都没录用他。想来想去，他决定收起所有的学位证明，以一种"最低身份"再去求职。

不久他就被一家公司录用为程序输入员。这对他来说简直是高射炮打麻雀，但他仍然干得认认真真，一点儿也不马虎。不久，老板发现他能看出程序中的错误，不是一般的程序输入员可比的。这时他才亮出了学士证书，于是老板给他换了个与大学毕业生相称的工作。

过了一段时间，老板发现他时常提出一些独到的有价值的建议，远比一般大学生要强，这时他亮出了硕士证书，老板见后又提升了他。

又过了一段时间，老板觉得他还是与别人不一样，就对他"质询"，此时他才拿出了博士证书。这时老板对他的水平已有了全面的认识，毫不犹豫地重用了他。

这位博士最后的职位，也就是他最初理想的目标。然而直线进取失败了，后退一步曲线再进，终于如愿以偿。

以退为进，由低到高，这既是自我表现的一种艺术，也是生存竞争的一种方略。跳高，离跳高架很近，想一下子就跳过去并不容易，而后退几步，再加大冲力，成功的希望可能更大。人生的进退之道就是这样。

这个博士的办法是聪明的，他先降下身份和架子，甚至让别人看低自己，然后寻找机会全面地展现自己的才华，让别人一次又一次地对他刮目相看，使他的形象慢慢变得高大。

如果刚一开始就让人觉得你多么的了不起，对你寄予了种种厚望，可你随后的表现让人一次又一次地失望，结果是被人越来越看不起。这种反差效应值得任何人注意。人家对你的期望值越高，越容易看出你的平庸，发现你的错误。相反，如果人家本来并未对你抱有厚望，你的成绩反而会容易被发现，甚至让人吃惊。

许多刚从学校毕业的年轻人，不懂得这种心理，往往希望从一开始就引人注目，夸耀自己的学历、本事、才能，即使别人相信，形成心理定势之后，如果你工作稍有差错或失误，往往就会被人瞧不起。试想，如果一个本科生和博士生做出了同样的成绩，人家会更看重谁？人家会说本科生了不起。你博士的学历高，理应本领高些，可你跟人家一样，有什么了不起？心理定势是难以消除的，所以，刚走上新岗位的人，不应当过早地暴露自己，当你默默无闻的时候，你会因一点成绩一鸣惊人，这就是深藏不露的好处。如果交给你一项工作，你说："我保证能够做好。"这几乎和说"我不会"一样糟糕，甚至更糟糕。你应当说："让我试试看。"结果你同样做得很好，可得到的评价会大不相同。

俗话讲："退一步路更宽。"这里所说的退是另一种方式的进。暂时退却，养精蓄锐，以待时机，这样的退后再进则会更快、更好、更有效、更有力。退是为了以后再进，暂时放弃某些有碍大局的目标是为了最后实现更大的成功。这退中本身已包含了进的涵义了，这种退更是一种进取的策略。

那位留美计算机博士的求职艺术堪称极妙，最初对理想目标追求得太迫切，反而白白增添烦恼而又不能达到目的，倒不如退而求其次，以退为进，走一条曲线成功之路。

61

真正的聪明人明白，退让之道的妙处在：把自己置身于安全区域，不因急进而失手。这是一种自控策略！

2. 善于放弃

"善于放弃"是一种境界，是历尽跌宕起伏之后对世俗的一种轻视，是饱经人间沧桑之后对财富的一种感悟，是运筹帷幄成竹在胸充满自信的一种流露。只有在了如指掌之后才会懂得放弃并善于放弃，只有在懂得并善于放弃之后才会获得大成功。

所以说，人生之所以多烦恼，皆因遇事不肯让他人一步，其实，这是很愚蠢的做法。

杨玢是宋朝尚书，年纪大了便退休居家，无忧无虑地安度晚年。他家住宅宽敞、舒适。家族人丁兴旺。有一天，他在书桌旁，正要拿起《庄子》来读，他的几个侄子跑进来，大声说："不好了，我们家的旧宅被邻居侵占了一大半，不能饶他！"

杨玢听后，问："不要急，慢慢说，他们家侵占了我们家的旧宅地？""是的。"侄子们回答。

杨玢又问："他们家的宅子大？还是我们家的宅子大？"侄子们不知其意，说："当然是我们家宅子大。"

杨玢又问："他们占些旧宅地，于我们有何影响？"侄子们说："没有什么大影响，虽无影响，但他们不讲理，就不应该放过他们！"杨玢笑了。

过了一会儿，杨玢指着窗外落叶，问他们："那树叶长在树上时，那枝条是属于它的，秋天树叶枯黄了落在地上，这时树叶怎么想？"侄子们不明白其含义，杨玢干脆说："我这么大岁数，总有一天要死的，你们也有老的一天，也有要死的一天。争那一点点宅地对你有什么用？"他们现在明白了杨玢讲的道理，说："我们原本要告他们，状子都写好了。"

侄子呈上状子，他看后，拿起笔在状子上写了四句话："四邻侵我我从伊，毕竟须思未有时。试上含光殿基望，秋风衰草正离离。"

写罢，他再次对侄子们说："我的意思是在私利上要看透一些，遇事都要退一步，不必斤斤计较。"

3. 知足是一生之福

自作聪明者常不知足，贪心剧烈，结果把自己逼上死路。取之，知足者温饱不虑便是幸事，知足者无病无灾便是福泽。知足自乐，这是在咀嚼了人生况味之后才悟到的意思。

其实，我们呱呱坠地的第一声啼哭，便为我们唱响了壮行人生的歌。从此，便有一个又一个人生的门槛，等待着我们去跨越；从此，便有一个又一个寻常的日子，等待着我们以生命的花朵去点染去簇拥；从此，我们将不再回头，将别无选择风雨兼程地走上人生漫长的旅途；从此，无论是含笑抑或含泪的每一天，都将镌刻下我们深深浅浅的人生轨迹。

每一个心智健全的人，都希望自己在人世间的存在是独特的，是无可替代、无可重复的。但真正能够做到这一点的，又有几人呢？

人到中年，匆忙回首，方警觉青春岁月已成昨日黄花。细细密密的皱纹已在不知不觉间，悄然爬上不再年轻的额头。人生已成定局，自少年时代便梦寐以求的人生理想却依旧十分遥远，依旧高不可攀。那种渴望轰轰烈烈、希求宏大久远的心境，早已被一些凡俗而实际的生活琐事所替代。散淡的岁月中，行进着的是自己散淡的人生。一切都讲究个随缘，被别人接纳是幸福，被别人排拒是无奈。那么，不妨衡量一下自己

有的人不愿低三下四，折腰摧眉，自然也就做不得事；有的人能力有限，自然也就成不了真正的大商人。成不了，为什么不放弃呢？强求这种自己内心里不能接受的东西，是不是对自己的一种折磨呢？

当然，人生也有飞扬的时候，但那毕竟只是一种短暂的辉煌。更多的时候，我们所面对的是永远的平和与安稳，乃至庸庸碌碌，无所作为。无论我们自己愿意还是不愿意，生活一样在以一种最凡俗的面目介入我们的生命，介入我们的世界。我们也许活得并不崇高，更缺乏成就一番伟业的雄心壮志。你不妨随时告诫自己：我只是个平常人，只是个跻身于茫茫人海之中的平常人。正因为平常，所以我们学会了宽以待人，也宽以待己；善待生活，善待一切美好的东西。

生活毕竟是平常甚或是琐碎的，没有那么多的诗情画意，有时候倒觉得生活很像是一篇篇朴素的随笔。圣贤也好，凡夫俗子也好，一样免不了要面对生老病死、衣食住行的困扰。尤其是对你我等这种小人物而言，鱼和熊掌不可兼得。所以，讲究实际，立足现实，不亢不卑，随遇而安，对我们而言，又何尝不是一种福分、一种境界，又何尝不是一种坦然人世、实事求是的人生态度呢。

真正聪明的人明白：知足者常乐，知足便不作非分之想；知足便不好高骛远；知足便安若止水气静心平；知足便不贪婪不奢求不豪夺巧取。知足者温饱不虑便是幸事；知足者无病无灾便是福泽。所谓养性修身，参禅悟道，在我理解，无非就是个散淡随缘，乐天知命。"知份心自足，委顺常自安"，这个中的玄机，就靠自己去参悟了。

4. 心态平衡，不计得失

凡自以为聪明的人常是一定要得到自己想得到的东西，一旦失去，便后悔莫及。这是可悲的！在这个充满竞争的社会里，每个人对得与失都看得很重，最后总是把自己折磨得很失落、伤心。

当人们得到他们所要的名和利时，总是很开心。但他们更害怕失去一切。每当失去时，他们就会显得很失落，提不起精神，甚至不能接受事实，最后还怨天尤人。

其实我们每天都生活在得与失里，有得就有失，就如有因就有果。人生是无常的，一切的名与利是没有永远的得与失。

我们要学习如何把得与失的心态调整好。当我们得到时，要好好珍惜，而失去时，要学会看破及放下，其实当我们失去时，往往也能从当中吸取经验及得到启示，让我们更好地成长，所谓"经一事，长一智"。

最近听到一首歌如此唱出："不管得与失，值得去庆祝，因为心中易满足。"所以只要我们学会放下及知足，自然就会活得自在。人生无常，只知奋斗不知享受生活的人其实很可怜，而为了一些身外之物弄得连命都丢了的人则是可悲。执著虽是一种很好的品德，但执著于执著，则绝对是一种人生的不智。我国的佛学里面讲述这方面的道理的文章很多，对那些萦萦于世事而难以超脱的人而言，有着很好的启发意义。在中国古代，许多知识分子的思想也往往是儒道兼之，达则以儒道济世，隐则以佛老娱情。

佛家的劝人安于平淡，其实隐藏了极深的人生处世智慧。对一个明白佛理的人来说，能放下他人所不能放下的一切，是免去人生诸多烦恼的第一步。

朋友，也许你是一个大忙人，为着要获得更多的财富，你不得不劳碌奔波，苦心经营，风餐露宿，历尽艰辛。纵然你财运亨通，但你也已精疲力尽，耗费了许多精神。

朋友，也许你喜欢争强斗胜，爱面子，事事不肯让人。为了博得声誉，你必须使出浑身解数，纵然你本领高强，成了天下第一，但也必结下不少江湖恩怨；虽然你名声响亮，然而大名之下，难以久居，从此你也失去了安宁。

小聪明者的人生最大悲剧是因得而喜，因失而怒。天道无私，有一得必有一失，所以奉劝大家，莫说人生得失，何必计较太多，倘若不认为得失事关至大，又何必去认真计较，自误前程？

5. 切忌争一步，而要让一步

"争"与"让"关系的选择，可以说常为智者所把握。怎么讲呢？

费丁南·华伦，一位商业艺术家，他使用这个技巧，赢得了一位暴躁易怒的艺术品主顾的好印象。

"精确，一丝不苟，是绘制商业广告和出版物的最重要的品质，"华伦先生事后说，"有些艺术编辑要求他们所交下来的任务立刻实现，在这种情形下，难免会发生一些小错误。我知道，某一位艺术组长总喜欢从鸡蛋里挑骨头。我离开他的办公室时，总觉得倒足胃口，不是因为他的批评，而是因为他攻击我的方法。最近我交了一篇加急的稿件给他，他打电话给我，要我立刻到他办公室去，他说是出了问题。当我到办公室之后，正如我所料——麻烦来了。他满怀敌意，高兴有了挑剔我的机会。他恶意地责备我一大堆——这正好是我运用所学自我批评的机会。因此我说：'某某先生，如果你的话不错，我的失误一定不可原谅，我为你画稿这么多年，实在该知道怎么画才对。我觉得惭愧。'"

"他立刻开始为我辩护起来：'是的，你的话并没有错，不过毕竟这不是一个严重的错误。只是——'"

"我打断了他：'任何错误，代价可能都很大，叫人不舒服。'"

"他开始插嘴，但我不让他插嘴，我很满意。有生以来我第一次在批评自己——我喜欢这样做。"

"'我应该更小心一点才对，'我继续说，'你给我的工作很多，照理应该使你满意，因此我打算重新再来。'"

"'不！不！'他反对起来，'我不想那样麻烦你。'他赞扬我的作品，告诉我只需要稍微修改一点就行了，又说一点小错误不会花他公司多少钱。毕竟，这只是小细节——不值得担心。"

"我急切地批评自己，使他怒气全消。结果他邀我同进午餐，分手之前他给了我一张支票，又交待我另一件工作。"

一个人要有勇气承认自己的错误，也可以获得某种程度的满足感。这不只可以清除罪恶感和自我卫护的气氛，而且有助于解决这项错误所导致的问题。

艾柏·赫巴是会闹得满城风雨的最具独特风格的作家之一，他那尖酸的笔触经常惹起别人强烈的不满。但是赫巴那少见的做人处世技巧，常常将他的敌人变成为朋友。

例如，当一些愤怒的读者写信给他，表示对他的某些文章不以为然，结尾又痛骂他一顿时，赫巴就如此回复：

> 回想起来，我也不尽然同意自己，我昨天所写的东西，今天不见得全部满意。我很高兴知道你对这件事的看法。下回你在附近

时，欢迎驾临，我们可以交换意见。

遥祝诚意。

赫巴谨上

面对一个这样对待你的人，你还能怎么说呢？

其实华伦和赫巴未必有多大的错误，假如有的话，也是非常小的，但他们那种精神却是可贵的。承认自己有错让你有些难堪，心中总有些勉强，但这样做可以把事情办得更加顺利，成功的希望更大，带来的结果可以冲淡你认错的沮丧情绪。况且大多数情况下，只有你先承认自己也许错了，别人才可能和你一样宽容大度，认为他有错。这就像拳头出击一样，伸着的拳头要再打人，必须要先收回来方有可能。

我们来设想一下，如果你肯定别人弄错了某事，你出于好心直接告诉他，那结果是怎样呢？假如是一个脾气好的人，也许不会发作，只有讪讪地干笑几声算了，可心里不知把你骂了几次，对你也没有好印象。要是碰到暴躁的人，肯定马上会指着你鼻子，暴跳如雷，你能得到的是什么呢？遇到争论时，首先作出让步，这是有礼貌的表示，而不是伤面子的行为。如果执意争吵，只会对双方都造成伤害。因此，快速、真诚地让步，承认自己的错误，你与对方的距离拉近了，在他觉得你真诚的情形下，他也会真诚地待你了。

当我们对的时候，我们就要试着温和地、技巧地使对方同意我们的看法；而当我们错了就要迅速而热诚地承认。这种技巧不但能产生惊人的效果，而且，信不信由你，任何情形下，都要比为自己争辩还有趣得多。

"争"与"让"的区别在于：用争斗的方法，你绝不会得到满意的结果。但用让步的方法，收获会比预期的高出许多。我们每天都生活在社会上，每天都在和各种人打交道，语言的魅力是独特的，有魅力的语言也可以称得上是一种艺术。勇于承认错误就是这艺术上的一朵小花，总会在你料想不到的时候散发出智慧的芳香。

6. 含蓄的力量

含蓄，就是藏起锋芒和聪明，所以它亦不失为一种保护自己的手段。尤其在君主面前，过分地表现自己，往往会引火烧身，古人深谙"象有齿以焚（通愤，僵也）其身"的道理。

当晋公子重耳在楚成王一再索取报答时，说道：

"如果凭借您的神灵我得以返回晋国，一旦晋楚交兵相遇中原，我将退避三舍。如果这样还得不到您的宽恕，那我只好挽弓执鞭，与您驰逐周旋了。"

婉转而含蓄的表达，却让楚成王感到了它那沉重的分量。

鲁襄公十七年（公元前556年），宋太宰皇国父要为宋平公筑台，大夫子罕以为这样会耽搁农事，故进谏请求忙完农事后再修建。宋平公没有采纳子罕的意见，遂下诏征调民工兴建高台。

当时筑台的工地上广泛地传唱着这样一首百姓自编的歌谣：

"泽门飞皙，实兴我役；邑中宅黔，实慰我心。"（《左传·襄公十七年》）

"泽门之皙"，指的是皮肤白皙、居在泽门的太宰皇国父；"邑中之黔"，指的是皮肤黝黑、居在城内的大夫子罕。子罕听到这一歌谣后赶紧下到工地，提起竹杖亲自答击那些不肯卖力的役者，并大声呵斥道：

"我们这样的小人，尚还有房舍以避燥湿寒暑。今国君仅筑一台却难速成，像什么话？"

唱歌的人这才止住了歌声。对于"邑中宅黔"这一前一后判若两人的做法，颇令人迷惑不解。故当时有人问他为何这样做，子罕自解道：

"区区宋国，有人遭诅咒有人被赞扬，这是祸乱的根源啊！"

按子罕的意思是：这样会引起国内大乱，这似乎有点夸张之嫌。子罕担心有祸乱也并非没有道理，不过这祸乱恐怕多与他自身有关。筑台虽是太宰皇国父所倡，但却为宋君首肯。后来子罕谏阻，仍然遭到了宋君的否决。老百姓的歌谣尽管只是在指责皇国父而颂扬他，可是在支持了皇国父、拒绝了他的建议的宋君听来，也许就是另一番含义了。如果他不赶紧将此事平息下去，做出积极配合宋君筑台的样子，恐怕真是祸临无日了。

再能干，不能比君主能干。再得民心，也不能靠有损君主的形象来获得。在君主这颗北斗面前，臣子永远是拱卫的群星。当自己的光辉将要罩住北斗时，得赶快收敛，必要时甚至要不惜以自毁形象为代价。历史上有几个功高震主的臣子落得个好下场？

有价值的东西不一定都得显露出来，否则，再陡峭的崖壁，也不能使灵芝安身；再粗壮的躯体，也难以让象齿自焚。

对于一个谋略家来讲，仅仅自己学会了含蓄仍然是不够的，他必须学会去破解识读他人的含蓄，昭示那些已被"含"起来、"蓄"起来的真正有价值的内容。

鲁襄公三十年（公元前543），楚王郏敖派连罢出使鲁国。当时郏敖新立不久，大权掌握在公子围手中。鲁大夫穆叔于是想探探这位楚使的底，便提了一个颇为敏感的问题："公子围现在执政的情况如何？"

连罢回答说："我等小人，只知一心吃饭听使唤，即便如此还怕完成不了使命而有所错失，怎么能参与政事呢？"

穆叔再三问起，连罢还是避而不答。

然而就是这再三避答，使穆叔从中捕捉到了一条非常重要的信息，他于是很有把握地向大夫们宣告：

"楚国令尹公子围将有大事（指篡位），连罢也将参与，他已经开始为令尹隐匿实情了！"

穆叔缘何得出如此结论？因为按常理，在他穆叔的再三追问之下，连罢应该有所答复，即或是通过某种暗示也会将他的或是不满或是赞许的情绪表现出来。而只有当他连罢心中有鬼时，才会对公子围的评价这个问题讳莫如深、一再拒答。因为他若说"是"，怕直接暴露了他与公子围的特殊关系以及那个"将有大事"的秘密；若说"不是"，这既言不由衷，又怕别人会从反面去理解而予以戳穿。于是他以为最聪明的办法就是顾盼左右而言他，或者干脆闭口不答，让别人无从知晓。而这种讳莫如深、一再拒答的态度恰好表明了这个问题与他有密切的关联，昭示出他的心结、他的奥秘就在这里。这就好比主人想让宝物不被偷窃而将装宝物的箱子锁上一道又一道，而这一道道的锁正好是在告诉那想去偷窃宝物的人：喂，主人的宝贝就在这里！

连罢本欲通过闭口不答，把自己的秘密含得更死一些、蓄得更深一些，孰料穆叔这位权谋高手，从他的不答中找到了答案，从他的含蓄里挖出了秘密。

这样，连罢的所谓不答，实际上成了不答之答。

含蓄，犹如宣纸上着墨不多的中国画，简洁中藏着丰富，黑色里孕着五彩，大片大片的空白是留给读者的驰骋纵横的想象。露骨的宣泄、单纯的出击，也许只是一种外在力量的张扬与炫耀，而含蓄则更多的是一种收敛聪明的体现。

7. 掌握藏巧之功

树大招风。在大功重赏面前，或身居高位之后，更要善于"藏巧"，切莫锋芒太露，妄自尊大，以免功高震主，引火烧身。

一个人拥有高智商、强能力，固然是件好事，可以说，这是上天赐予的良好天赋。有了它，便可以在竞争社会中如鱼得水，游刃有余。

然而，由于事物的复杂多样，环境的不断变异，在某些时候，利与弊会不知不觉地转换。这样，就要求我们必须随时以清醒的头脑注意了解自己，掌握对方和周围环境，掂量你的利和弊，而不是一味地以一般的经验办事。

《阴符经》说："性有巧拙，可以伏藏。"它告诉我们，善于伏藏是致胜的关键。一个不懂得伏藏的人，即使能力再强、智商再高也难以战胜对手，甚至还会招来杀身之祸。

而伏藏又可分为两层：一是藏拙，这是一般意义上的伏藏，也是最常用的，即藏住自己的弱点，不给对方可乘之机；而另一种则是更高明的——"藏巧"。

下面这两个故事就是"藏巧"的范例。

汉高祖时，吕后采用萧何之计，谋杀了韩信。高祖正带兵征剿叛军，闻讯后派使者还朝，封萧何为相国，加赐五千户，再令五百士卒、一名都卫做相国的护卫。

百官都向萧何祝贺，只有陈平表示担心，暗地里对萧何说："大祸由现在开始了。皇上在外作战，您掌管朝政。您没有冒着箭雨滚石的危险，皇上却增加您的俸禄和护卫，这并非表示宠信。如今淮阴侯（韩信）谋反被诛，皇上心有余悸，他也有怀疑您的心理。我劝您辞掉封赏，拿出所有家产去辅助作战，这才能打消皇上的疑虑。"

一语惊醒梦中人，萧何依计而行，变卖家产犒军，高祖果然高兴，疑虑顿减。

这年秋天，黥布谋反，高祖御驾亲征，此间派遣使者数次打听萧何的情况。回报说："正如上次那样，相国正鼓励百姓拿出家产辅助军队征战呢。"

这时有个门客对萧何说："您不久就会被灭族了！您身居高位，功劳第一，便不可再得到皇上的恩宠。可是自您进入关中，一直得到百姓拥护，如今已有10多年了，皇上数次派人问及您的原因，是害怕您受到关中百姓的拥戴。现在您何不多买田地，少抚恤百姓，来自损名声呢？皇上必定会因此而心安的。"

萧何认为有理，又依此计行事。

高祖得胜回朝，有百姓拦路控诉相国。高祖不但没有生气，反而高兴异常，也没对萧何进行任何处分。

比起萧何来，王翦更胜一筹。

战国末期，秦国老将王翦率领60万秦军讨伐楚国，秦始皇亲自到灞上为王翦大军送行，王翦向秦始皇提出了一个要求，请求秦始皇赏赐给他大量土地宅院和园林。

秦始皇很不明白王翦的意思，不以为然地说："老将军只管领兵打仗吧，哪里用得着为贫穷担忧呢？"

王翦回答说："当国王的大将，往往立下了赫赫战功，却得不到封侯。因此，趁着大王还宠信我的时候，请求大王赏给我良田美宅，好作为我的子孙的家产。"

秦始皇听后觉得这点要求微不足道，便一笑了之。

王翦带领军队先进函谷关，心里还惦记着地产的事，接连几次派人向秦始皇提出赏赐地产的要求。

王翦手下的将领们见他率兵打仗还恋恋不忘田宅，觉得不可思议，便问他说："将军如此三番五次地恳请田宅，不是做得太过分了吗？"

王翦答道："不过分，秦王这个人生性好猜疑，不信任人，现在他把秦国的军队全部让我统领，我不借此机会多要求些田宅，为子孙们今后自立作些打算，难道还要眼看他身居朝廷而怀疑我有二心吗？"

第二年，王翦率领的军队攻下了楚国，俘获楚王负刍。秦始皇十分高兴，满足了王翦的请求，赏给他不少良田美宅，园林湖池，将他封为武成侯。

保存你的能量是一种藏巧。在大多数的情况下，才不可露尽，力不可使尽。即若有知识，也应适当保留，这样，你会加倍地完善。永远保存一些应变的能力，适时救助比全力以赴更显得珍贵，深谋远虑的人总能稳妥地驾驭航向。从这个意义上说，我们亦可以相信这一辛辣的谬误：一半多于全部。

8. 你驳人面子，人给你难堪

自以为聪明的人常不给人面子，针往痛处扎，而且显得特别骄傲。要知道，不给人面子带来的后果有时是很严重的，可以从难堪到掉脑袋。

三国名将关羽，过五关，斩六将，温酒斩华雄，匹马斩颜良，偏师擒于禁，擂鼓三通斩蔡阳，"百万军中取上将之首，如探囊取物耳"。

然而，这位叱咤风云，威震三军的一世之雄，下场却很悲惨，居然被吕蒙一个奇袭，兵败地失，被人割了脑袋。

关羽兵败被斩的最根本原因是蜀吴联盟破裂，吴主兴兵奇袭荆州。吴蜀联盟的破裂，原因很复杂，但与关羽其人的骄傲有着密切的关系。

诸葛亮离开荆州之前，曾反复叮嘱关羽，要东联孙吴，北拒曹操。但他对这一战略方针的重要性认识不足。他瞧不起东吴，也瞧不起孙权，致使吴蜀关系紧张起来。关羽驻守荆州期间，孙权派诸葛瑾到他那里，替孙权的儿子向关羽的女儿求婚："求结两家之好"，"并力破曹"。这本来是件好事，以婚姻关系维系补充政治联盟，历史上多有先例。如果关羽能放下高傲的架子，认真考虑一番，利用这一良机，进一步巩固蜀吴的联盟，将是很有益处的。但是，关羽竟然狂傲地说："吾家虎女肯嫁犬子乎？"

不嫁就不嫁嘛，又何必如此出口伤人？试想这话传到孙权那里，孙权的面子如何吃得消？又怎能不使双方关系破裂？

关羽的骄傲，使自己吃了一个大大的苦果，被自己的盟友结束了生命。

俗话说：蚊虫遭扇打，只为嘴伤人。以尖酸刻薄之言讽刺别人，只图自己嘴巴一时痛快，殊不知会引来意想不到的灾祸。人与人之间原本没有那么多的矛盾纠葛，往往只是因为有人逞一时之快，说话不加考虑，只言片语伤害了别人的自尊，让人下不来台，心中怎能不燃起一股邪火？有了机会，反咬一口，也是情理之中的事。

美国前总统富兰克林年轻时很骄傲，言行举止，咄咄逼人，不可一世。后来有一位朋友将他叫到面前，用很温和的语言说："你从不肯尊重他人，事事自以为是，别人受了几次难堪后，谁还愿听你矜持夸耀的言论。你的朋友将一个个远离你。你再也不能从别人处获得学识与经验，而你现在所知道的事情，老实说，还是太有限了。"

富兰克林听了这番话后，很受感动，决心痛改前非。从那以后，他处处注意，言行谦恭和婉，慎防损害别人的尊严和面子，不久，他便从一个被人敌视，无人愿意与之交往的人，变为极受人们欢迎的成功人物。

骄傲自大，尖酸刻薄，最易伤人面子，谦卑待人，才能得到友谊。也就是说，不要自以为聪明，傲慢无礼，要学会在谦和中与人搞好人际关系，谋取成功资本。

9. 隐蔽是一种智慧

隐蔽是一种智慧。怎样才能隐蔽自身而又巧妙地达到目的，在某种程度上讲，双方都在比试斗智，如同棋手一样，每一盘棋总有胜负。

（1）隐蔽策动术

周赧王五十五年（公元前 260 年），秦军大举北进，进攻赵国。老将廉颇率赵兵迎敌，秦、赵两军相持于长平。秦兵虽然勇武善战，怎奈廉颇行军持重，坚筑营垒，等待时机与变化，迟迟不与秦兵决战。这样一来，两军相持近两年，仍难分胜负。秦国君臣将士个个焦躁万分，却又束手无策。秦昭王问计于范雎，说："廉颇多智，面对秦军强而不轻易出战。秦兵劳师袭远，难以持久，战事如此久拖不决，秦军必将深陷泥淖，无力自拔，为之奈何？"范雎早已清醒地认识到问题的严重性，作为出色的谋略家，他很快找到了问题的症结。他对赵国文臣武将的优劣了如指掌，深知秦军若想速战速决，必须设计除掉廉颇。于是，他沉吟片刻，向昭王献了一条奇妙的反间计。

范雎遣一心腹门客，从便道进入赵国都城邯郸，用千金贿赂赵王左右亲近的人，散布流言道："秦军最惧怕的是赵将赵奢之子赵括，年轻有为且精通兵法，如若为将，恐难胜之。廉颇老而怯，屡战屡败，现已不敢出战，又为秦兵所迫，不日即降。"

赵王闻之，将信将疑。派人催战，廉颇仍行"坚壁"之谋，不肯出战。赵王对廉颇先前损兵折将本已不满，今派人催战，却又固守不战，又不能驱敌于国门之外。于是轻信流言，顿时疑心大起，竟不辨真伪，匆忙拜赵括为上将，赐以黄金彩帛，增调20万精兵，前往代替廉颇。

赵括虽为赵国名将赵奢之子，确也精通兵法，但徒读经文书传，不知变通，只会坐而论道，纸上谈兵，而且骄傲自大。一旦代将，立即东向而朝，威临军吏，致使将士无敢仰视。他还把赵王所赐黄金、财物悉数藏于家中，日日寻思购买便利田宅。

赵括来到长平前线，尽改廉颇往日约束，易置将校，调换防位，一时弄得全军上下人心浮动，紊乱不堪。范雎探知赵国已入圈套，便与昭王商议，暗派武安君白起为上将军，火速驰往长平，并约令军中："有敢泄露武安君为将者斩！"

这白起是战国时期无与伦比的久经沙场的名将，一向能征惯战，智勇双全。论帅才，赵括远不能与白起相比；论兵力，赵军绝难与秦兵抗衡。范雎之所以秘行其事，目的就是使敌松懈其志，以期出奇制胜。两军交战，白起佯败，赵括大喜过望，率兵穷追不舍，结果被秦军左右包抄，断了粮草，团团围困于长平。秦昭王闻报，亲自来到长平附近，尽发农家壮丁，分路掠夺赵人粮草，遏绝救兵。赵军陷于重围达46天，粮尽援绝，士兵自相杀戮以取食，惨不忍睹。赵括迫不得已，把全军分为四队，轮番突围，均被秦军乱箭击退，赵括本人也被乱箭射死。

长平一战，秦军获得了空前的胜利，俘虏赵兵40万，除年老年幼者240人放还外，其余全部坑杀。这次战役，秦军先后消灭赵军45万，大大挫败了雄踞北方的赵国的元气，使其从此一蹶不振。战后，秦军乘胜进围赵都邯郸。虽曾有赵国名士毛遂自荐，赴楚征援，又有魏国信陵君窃符救赵，也只能是争一时之生存，无法挽回赵国败亡的厄运。

长平之战，在秦国历史上具有划时代的意义。秦与关东六国的战争，如果说秦惠文王时还处于战略相持阶段的话，至此则进入了战略的反攻阶段。

范雎利用赵王已对廉颇"坚壁"不出战大为不满而出现的"裂缝"，巧施隐蔽策动术，致使其"缝隙"增大，终于如愿用无能之辈赵括换掉了多智多谋的廉颇，取得了长平之战的胜利。

（2）隐蔽造隙术

在楚汉战争最激烈的时刻，汉王刘邦听从陈平的计策，趁项羽伐齐之乱，率领 50 万大军攻占了项羽的巢穴彭城。进驻彭城之后，刘邦耽于酒色，一味享乐，又自恃兵多，麻痹轻敌，放松戒备；汉军虽号称50 万，却多是临时归顺的诸侯军，联盟不牢，军心不齐。项羽听了从彭城逃出来的虞氏兄妹哭诉后，立即命大将龙且和钟离昧带 20 万人马平定各国，自己带范增、项庄、季布、桓楚、虞子期等大将率 3 万精兵回师彭城，杀得汉军猝不及防。联盟解体，汉军死伤 20 余万，刘邦带着少数残兵落荒逃到荥阳城，结果又被乘胜追击的楚军团团地围在城内达一年之久。刘邦请求献荥阳以西以求和，项羽又不允，面对这危机的形势，刘邦情绪低落，沮丧地对陈平说："天下纷纷扰扰，何时可得安宁？"

陈平见刘邦向自己问计，便胸有成竹地说："主公不必忧虑，眼下情势正在发生变化。只要主公扬长避短，天下顷刻可定。"刘邦欲问其详，陈平道："项王主要依靠范增、钟离昧、龙且和周殷几个人。主公如能舍得几万斤黄金，可施反间计，使他们君臣相互猜疑。项羽本来就好猜忌信谗，必然引起内讧而互相残杀。到那时，我军乘机反攻，势必破楚。"刘邦深以为然，便给陈平 4 万两黄金，任其支配。

陈平于是就开始用这笔钱积极地在楚军中施行他的反间计。他一面派使者入楚，致书项羽，一面又用重金收买一些楚军将士，让他们四处散布流言蜚语，说范增、钟离眜等大将为项王带兵打仗，功劳很多，却始终得不到项王分封土地给他们，也得不到侯王的爵号，他们心里有怨气，打算同汉军联合起来，去消灭项氏，瓜分项氏的土地而自立为王。

项羽见过汉王的求和书信，自然不肯答应，但对那些流言，却疑心顿生，于是便派使者进城探听虚实。

楚王使者进入荥阳城，陈平带人列队出迎，并把使者请进客厅，摆下丰盛的酒席。陈平假意作陪，殷勤问道："范亚父派贵使前来有何见教？范老先生和钟离将军一切都好吧？他们有书信吗？"楚使者被问得莫名其妙，不知如何回答，只好说："我乃霸王亲遣的使者，如何有范老先生和钟离将军的信札？"陈平听罢，故意皱起眉头说："噢！原来你不是范老先生和钟离将军派来的……"陈平说罢，白了楚使一眼，刷地放下手中的酒杯，站起身大步走了出去。使者看着这一切，心里十分纳闷，正在发愣，进来一些侍从，七手八脚就把满案饭菜撤掉了。一会儿，进来一个侍女给他换上一碗菜汤，一个馒头。楚使者一见，十分恼火，心想，他们把范增、钟离眜看得如此尊贵，而把项王视同草芥，这其中必有奥秘，说不定范增、钟离眜早就和他们串通一气了！

楚使者受到羞辱，不胜其忿，一返回楚营，便把详情一五一十地向项王禀报了。项王听罢顿时大怒，自语道："怪不得近日营中议论纷纷，说亚父和钟离将军私通汉王，心存异志，看来是无风不起浪呀……"项羽起了疑心，对钟离眜渐不信任，对范增也日益疏远。范增是不主张与汉军谈判的，希望楚军能一鼓作气，攻下荥阳，捉住刘邦。他越劝项羽进攻荥阳，项羽就越是怀疑他与刘邦串通一气在要什么花招。范增非常气愤，请求退隐山林。项羽也不阻拦，竟然准其所请。

范增解甲归田，在回老家居巢（今安徽桐城南）的路上，又气又恼，背生痈疽，一病而死，终年75岁。项羽闻知范增死讯，方知中了反间计，十分懊悔，但为时已晚。一个屡立奇功的谋士，竟被陈平略施隐蔽造隙术除掉了。

疑心生暗鬼，鬼使神差入歧路。项羽为人，性好疑忌，被陈平利用。陈平巧施隐蔽造隙术，就促使其与范增之间的矛盾增大，最后导致他驱除了范增。

隐蔽聪明是一种致胜方法，它可以不让人看到聪明，而确保安身。安身能干什么？安身可以静心谋大事。

防范的性格：
拒绝"小人"入侵身边

1. 生活中识别小人

中国历史几千年，小人无时不在，只是小人们的表现有所不同，古代社会中，小人们见利忘义，好造事端，而现代社会中，小人们追逐名利，欺世盗名，这就要求我们要仔细去识别他们。

（1）识小人可以避损害

如果你是领导，下属中出现下列几种小人危害最大：阴结朋党，相互勾结；诽谤贤才，诬陷忠良；专门窥探别人的隐私；出于私心煽动群众；专门寻找利害得失的时机，出卖集体和别人的利益。

例如晋文明皇后，有知人之明，当时钟会虽因才能出众被任用，但文明皇后一眼就识破了钟会的本质，她经常告诫晋帝说："钟会见利忘义，好造事端，宠爱太过，必定叛乱，不可以太过重用。"后来钟会果然造反。

（2）观名气识别伪君子

观察一个人，除了他的外貌以外，还包括印象和名气。有的人名气很大却华而不实，浪得虚名，对这种人就要善于识破他。

过去乡邻中有一富老头病了，让巫师向神祷告，神告诉他说："你若能救活万只生灵，我就替你向天帝请求，去掉你的病，赐予你长寿。"富老头答应说："好。"于是派人到山上寻找，在密林中收罗，在沼泽里架网捕捉，得到鸟兽鱼虾之类的动物一万只，向神报告后就释放了它们。这种自欺欺人、追求虚名的方法被神人所唾弃，因此第二天那富老头就死了。

其实，自欺欺人者，心中哪有什么做人的诚心，他们所喜爱的不过是虚名而已。

（3）观文凭识别庸人

现代小人常常利用各种手段欺世盗名，许多老板常容易犯的一种"观貌"识人的错误就是过于注重文凭。当应试者亮出名牌大学的文凭时，有的老板会因此被震慑住，而对于那些毕业于名不见经传的学校的人往往根本不加考虑。在这个问题上，当老板的需要记住：作为雇主，你将要倚重的是他本人的才能，而不是他所毕业学校的名气。如果一个老板很容易被应试者的文凭所迷惑的话，他往往可能会失去人才而得到庸人。

2. 小事落个大人情

孟尝君的门客冯谖开始因不被重用牢骚满腹，后来得到孟尝君的礼遇。一次孟尝君派人去他的封地薛邑讨债，冯谖自荐，临行前问：不知用讨回来的钱做什么？需要买什么东西？孟尝君说：就买点我们家没有的东西吧！冯谖领命而去，结果把债券烧了，一文不取。贫困的薛邑老百姓没有料到孟尝君如此仁德，个个感激涕零。冯谖回来后，孟尝君问：讨的利钱呢？冯谖答说：不仅利钱没讨回，借债的债券也烧了。孟尝君很不高兴。冯谖说：你不是吩咐说要我买家中没有的东西回来吗？我已经给您买回来了，这就是"仁义"。焚毁了债券，对您没什么影响，买来了仁义，对您收归民心可是大有好处啊！数年后，孟尝君被人诬陷，相位丢了，回到封地薛邑。老百姓听说孟尝君回来了，全城出动，夹道欢迎，表示愿意拥戴他。孟尝君非常感动，理解了冯谖"买义"的苦心。

某企业董事长的家里，每到年底时，都会收到堆积如山的赠品。由于太多，所以听说这位董事长只留下合意的礼物，其余的都退回百货公司。

然而，有一年岁末，这位董事长却意想不到地收到了令他满意的礼物！那是在美国特别流行的娃娃，不知是怎样寄来的，总之是送给董事长的小女儿的，赠品也很别致。把这别致的礼物不送给董事长而送给他的女儿，的确令人深感其诚意。

有人出席某电气厂商主办的演讲会。演讲后，此人对送到车站来的主办单位的人员无意中提起"我母亲目前住院……"第二天，也不知演讲会的主办经理怎样打听到的，竟然到此人的母亲入住的医院来探病。此人在震惊于主办者意想不到的好意的同时，感激之情不可言表。

从这两段故事中可以发现，有人对有直接利害关系的一方送礼，对方往往会视为理所当然而接受，甚至有时会觉得是否有何居心，而产生警戒心。但是，不对其本人而对他的家人表示深切关注，对方就会想："看，人家甚至用心到了这样的地步！"较之自己的被厚待更加深深感动。就好像"射将先射马"一样，比本人更加厚待其周围的人的做法，使没想到那么远的对方，同时深深感到自己的费心，也是一种具有效果的手段。

某公司接待客户时，总是连太太一起招待。单单只招待客户的话，只不过是利益交换，类似商场上的关系，但由于太太们的加入，便变成了非正式的关系。更进一步说，是从理论的境地进入了友情的境地。而且很少有机会参加宴会的太太们，对于公司的周到也会十分感激，太太的这种情绪，应该也会传达给先生，于是会不自觉地对接待公司"感恩"。

最后再介绍一个让利促销大得人心的卖乖实例。

某百货大楼开始试营业。开业伊始，同时推出的三项举措，有新

84

意，有声势。他们的创新，一是在让利促销方面，没有沿用人们习以为常的让利几折的做法，而是每天出售一种不赚一点利的商品，这让人感到既新奇又实在。二是在监督方面，设立联谊服务台，为顾客计量复核，主持公道，远比挂在墙上的顾客意见簿更为可信。三是服务，他们在礼貌待客、送货上门等方面，大大拓宽了服务范围，每天晚上6：30～7：30派出"免费特快班车"，东西南北四个方向接送顾客，足见服务到家。三项举措，每一项单独推出，都会引起公众一定的反响。三项举措同时推出，这便形成了强大的宣传声势，让顾客在购物、价格、安全、服务等方面，全方位地感受当"上帝"的滋味，这必然会在公众心中形成强大的冲击波和诱惑力。

企业开业，亟待提高知名度、美誉度。企业开业面对社会公众也和人际交往中初次接触一样，容易形成第一印象。这第一印象在人的大脑里先入为主，又往往成为人们认识对方的起点，并在一定程度上影响和制约着此后的交往。所以，企业在开业、试营业中的公关活动就显得十分重要，企业应慎之又慎，拿出自己的卖乖高招。

3. 小人物不可不防

战国初期，魏国是最强大的国家，这同国君魏文侯的贤明是分不开的。他最大的长处是"礼贤下士"，"知人善任"，器重和尊敬品德高尚而又具有才干的人。

魏国有一个叫段干木的人，德才兼备，名望很高，隐居在一条僻静的小巷里，不肯出来做官。魏文侯想同他见面，向他请教治理国家的方法。有一天，他坐着车子亲自到段干木家去拜访。段干木听到文侯的车马响动，赶忙翻墙跑了。魏文侯吃了闭门羹，只得怏怏而回。以后接连几次去拜访，段干木都不肯相见。但是，段干木越是这样，魏文侯越是仰慕，每次乘车路过他家门口，都要从座位上站起来，扶着马车的栏杆，伫立仰望，表示敬意。

左右的人对此都有意见，说："段干木也太不识抬举了，您几次访问他，他都避而不见，您还理他做什么呢?"魏文侯摇摇头说："段干木先生可是个了不起的人啊，不趋炎附势，不贪图富贵，品德高尚，学识渊博。这样的人，我怎么能不尊敬呢?"后来，魏文侯干脆放下国君的架子，不乘车马，不带随从，徒步走到段干木家里，这回好歹见了面。魏文侯恭恭敬敬地向段干木求教，段干木被他的诚意所感动，替他出了不少好主意。魏文侯请段干木做相国，段干木怎么也不肯。魏文侯就拜他为师，经常去拜望他，听取他对一些重大问题的意见。

这件事很快就传开了，人们都知道魏文侯"礼贤下士"，器重人才。于是一些博学多能的人如政治家翟璜、李悝，军事家吴起、乐羊等先后来投奔魏文侯，帮助他治理国家。特别是李悝，在魏国实行变法，废除奴隶制的政治、经济体制，使新兴的地主阶级起来参与国家政务，使魏国经济迅速地发展起来，终于成为最强大的诸侯国之一。

人与人之间社会地位不平等，有的人官做得大，有的人官做得小；有的人有钱，有的人没钱……这一切有时也决定了彼此面子上的差别。一般情况下，处于劣势的人面子都小，与"大人物"交往心有顾忌，生怕被人瞧不起。

这时，身居高位的人在自己的言行中更要小心谨慎，你的一句话、一个眼神儿、一个动作，都说不定会触及他人敏感的神经。许多成功的伟人深明此理，往往对处于下位的人格外关照，因此也就格外赢得人心。这恰好应了那句俗话："不是虚心岂得贤!"

让"小人物"感到自己受重视，没有被冷落，光靠热情礼貌还嫌不够。有时还必须施展一些手段，把双方的面子扳平，使"小人物"脸上有光。这里，向你提供两个简便易行的方法，不妨一试：

其一，适度地往自己脸上抹点儿"黑"，讲一桩自己的"丑事"。人情面子像一块翘翘板，一头高，另一头自然就低。通过自我"抹黑"把身份降低，大家感觉上就平起平坐了。

威尔逊当选为美国新泽西州州长之后，有一次，在纽约出席一个午餐会，主持人在介绍他时，称他为"未来的美国总统"。这自然是对他的刻意恭维，可是对其他在座的人来说，却产生了相形见绌之感，众人的脸上都有些挂不住了。

威尔逊想扭转这种一人得意众人愕然的局面，他起立致词，在几句开场白之后，他说：

"我自己感到我在某方面很像一个故事里的人物。有一个人在加拿大喝酒过了头，结果在乘火车时，原该坐往北的火车，却乘了往南的火车。

大伙发现这一情况，急忙给往南开的列车长打电报，请他把名叫约翰逊的人叫下来，送上往北的火车，因为他喝醉了。

很快，他们接到列车长的回电：'请详示约翰逊的姓，车上有好几名醉汉，既不知自己的名字，也不知该到哪去。'"

威尔逊最后说："自然，我知道自己的名字，可是我却不能像主持人一样，知道我的目的地是哪里。"

听众大笑。威尔逊幽默的谦逊，使众人感觉摆平了面子，因此，消除了敌对不服的恶意。

其二，记住"小人物"的名字。

在人声嘈杂的会议室里，我们听不见与己无关的夸夸其谈，可是，如果他们偶尔提到你的名字，那么你的大名立刻就会飞到你的耳朵里。当你在街上行走时，如果突然听到有人叫你的名字，尽管你还没有发现呼唤你的人，但你也会下意识地停下脚步，左顾右盼，寻找呼唤你的人。正如一位心理学家断言：在人们心目中，唯有自己的名字是最美好、最动听的。

人们在日常生活中，都有这么一种共同的体验：能够在邂逅相遇的场合立刻叫出你名字的人，你马上会觉得脸上很光彩，有一种被他人重视的甜蜜感，从而迅速对对方发生好感。

当年罗斯福首次竞选美国总统的时候，为了帮助他在竞选中获胜，他的助手吉姆·法里充分发挥他超人的记忆力，吉姆周游美国各地，结识了各界人士两万多人，并且能准确无误地分别随意叫出其中任何一个人的名字。不仅如此，他还尽可能将对方的家庭情况、政治见解等牢记在心。下次再见面时，他就问问对方家里人的情况，以及庭院里树长得怎样了之类的问题。这样一来，被结识的人感到十分高兴和荣幸，随之爱屋及乌，纷纷对罗斯福担任总统投了赞成票，从而奠定了他竞选获胜的广泛的社会基础。

也许可以说，罗斯福当选总统，很大程度上应归功于他的助手吉姆·法里的绝招——广记人名。

姓名是最甜的语言，说出对方的名字，这会成为他所听到的最甜蜜、最重要的声音。对"大人物"来说，记住他人姓名的方法，可以说是最经济、最便捷、最有效的满足他人面子需要的诀窍。

4. 小人不可小看

小人同事可能会挑拨离间，争功诿过，欺软怕硬，以致让你难以得到安宁，出现种种矛盾与痛苦。但是，面对这样的同事，你不得不与他们相处。如何摆脱他们的影响，给自己创造良好的工作环境，也是有规可循的，对待这样的同事就需要有"魔高一尺，道高一丈"的招数。

在同事之中，有些人为了名利，会牺牲其他人的利益，他们不是靠自己的本事，而是靠手段。与这样的同事交往，要认清他的真面目，防止受骗上当，防止成为他人晋级的阶梯，也要防止他们挑拨离间你与其他同事的关系。

对几种同事要注意：心口不一的同事，这些人往往当面一套，背后一套；随声附和的同事，这些人往往没有自己的主见，属于随风倒；爱传闲话的同事，流言往往是从这些人嘴里传出来的；假装无能的同事，他们遵循"干得多，错的多"理论，有功劳时还想分一杯羹；忘恩负义的同事，这些人在有甜头的时候钩住你，一旦没有了油水，就会毫不犹豫地离开你，还会给你一脚；得理不饶人的同事，是凡事都不吃亏的人，寻求他的帮助是很困难的。

与这些人接触，不要交往太深，更不要把他们当作自己的知己，在你向他们倾诉的时候，也许你已经将你自己送入了深渊。

5. 该断交时要断交

从办事手段和为人处事来讲，小人所走的路子更偏向于狡猾、奸诈、欺瞒、恐吓等。他们会想方设法地达到自己目的，无论这种方法是否得人心。

宫小平在一家计算机公司负责国外科技动态的翻译工作，时常通过网络获取信息。这一段时间，每当清晨打开计算机时，总是发现自己原来的设置被改动了。仔细查来，发现自己的计算机中竟然出现了游戏站点，按照公司规定，公司职工是不允许玩游戏的。一旦发现，轻则罚款，重则开除。经过仔细地观察，他发现自己的座位下面总是有烟灰，全室中只有宋春来一人吸烟，并且是住在公司的，嫌疑最大。宫小平经过问其他的人员，确定就是他。于是，在又一次发现自己的计算机被用过之后，宫小平直截了当地对宋春来说："你愿意上网我管不着，但是不要动我的计算机，否则真正出了问题你负不起这个责任。如果再动，别怪我直接找领导告你的黑状！"宋春来以为宫小平只是猜测，故作生气地问道："你凭什么认为是我动过你的计算机，你告，我还告呢。""这地上的烟头都是你的，全屋只有你一个人抽烟，牌子都一样！我没冤枉你吧?!"宫小平理直气壮地说。宋春来一看被抓住把柄，默然无语。从此，宫小平的计算机安然无恙了。

有些人，为了满足自己的私欲，又要保护自己，只好嫁"祸"于人。对于这样的人，容忍只会给自己造成更大的伤害，抓住把柄，迎头一击，采用强硬的立场，就会促使小人退缩。一旦发现这一手失灵，要马上采取行动，不要给他回击的机会；及时向有关人员或明或暗地透露情况，使他难以立足。

对待这样的同事，不能一味地退缩，不要因为一时的交情而不忍心当即翻脸，特别是你的把柄被人攥在手中的时候，有时会不得不就范。此时，要考虑清楚，当断则断。古人云：当断不断，反受其乱。

郑新同在市政府办公室做临时工。有一天，有一位朋友委托他打印一份稿件，按照市面收费标准付钱。此时，正值手头紧张，郑新同就答应下来。一天晚上，他正在加班赶私活，被同事张基撞上。为了博得同情，不至于被说出去，郑新同将自己的行为和盘托出。张基开了一家复印店，恰巧需要纸张，于是计上心头，随口说："我正巧缺几张纸，你给我拿一下吧。"不得已，郑新同只好照办，给了他 500 张纸。没有想到，不久，张基过来直接找到郑新同要求将客户的某些复印资料印一下。郑新同面有难色，张基凑近说："你挣的零花钱还没有请我吃饭呢。"郑新同只好违心的帮了这个"忙"。当张基第三次请求帮忙时，郑新同终于忍不住了："这个忙我不能帮，再帮下去我的饭碗就保不住了。"张基吓唬他说："你不帮饭碗照样保不住。"郑新同狠下心来说："我不怕，大不了来个鱼死网破！"张基悻悻地走了。从此之后，郑新同也平安无事了。

一旦认识到同事是个小人，就要及时采取行动。对于那些善于纠缠的小人，特别是利用你的某些弱点或者过失要挟你的小人，不要顾忌眼前的小利。如果不断绝的话，或许大利也保不住了。

决断时可以直接表明自己的立场，"不想再交往下去了"。也可以冷淡处理，采用冷漠置之的方法，不理不睬，使其无趣而去。对于想要挟自己的人，完全可以告诉他，彼此都有"辫子"在手，最终会闹得两败俱伤。

在决断时不要讲什么理由，以免让小人抓住把柄，质问于你，反而不好交待，最终又拖拖拉拉，欲理还乱。

6. 不妨以硬碰硬

在同事之中，有一小部分人，与你有利益冲突，喜欢揭别人的短，来获得自己的快感，达到压制别人，抬高自己的目的。对待这样的人，开始可以采用回避的方法，但如果没有效果，只好硬碰硬，让他明白自己也不是好惹的，借以改善自己的生存环境。退避三舍是被人耻笑的，尤其是在公众场合。

张和李之间有些矛盾，便想在公共场合故意让李难堪。李在一次发言中，不小心读错了一个字，张便在大庭广众之下说李："水平怎么这么差呀，那么简单的字都不认识，还好意思在众人面前说话。"李见张故意挑衅，就不客气了："这总比你老兄做了错事还不认账要好得多吧。"李的话实际上是事出有因的，因为张曾经在损坏了别人的东西之后，不但自己不承认，还经常嫁祸于人，但最后又被别人揭穿。这件丑事大家都知道，因而李的话一出口，众人都哄堂大笑。如此，张偷鸡不成，反蚀一把米，欲侮辱别人却侮辱了自己。

对于不怀好意的打小报告者，一旦让他得逞，就直接影响到自己在领导面前的形象，当感到领导的态度不坚决时，就要及时理直气壮地予以揭露，不留后患，使其在领导面前失去信任，避免给自己制造麻烦。

揭露打小报告者，要拿出真凭实据，不要仅仅凭着语言去辩解，否则会越辩越黑；在没有实据的情况下，要适当忍让，避免给人留下"如果没有问题，为什么要辩解"的口实。

燕能写一手的好文章，事务性的工作也是做得有条不紊。她被调到建设局办公室以后，不到半年就把工作整理得头头是道，很受人们的好评。可偏偏有个叫平的人就不这么想，他和局长说，燕只会干打眼眶子的活，就连平时从办公室上交或下发的公文都是抄的，其实没有什么工作能力，致使局长真的对燕有了怀疑。燕知道了这一情况之后，从办公室拿出一大摞自己起草的计划、总结等公文底稿，当着局长的面让平指认哪些材料是抄来的，从哪里抄的。平没有丝毫的心理准备，在众人面前一下就露了底，从此再也不敢玩这种把戏了。

7. 要给他点颜色

小人往往是最讨厌的，他总是不停地在你的周围撒下矛盾的种子，或向领导，或向同事散布你的谣言。在办公室中应对小人既要考虑到以后还要继续相处，不能太过分，又要达到警示的效果。

王先生虽是须眉男人却心胸狭窄，容己不容人。阿华并不想得罪他，可既然同在一个办公室，工作中难免磕磕碰碰。虽然阿华是一个非常善于忍耐的人，可王先生依然得寸进尺，让阿华十分反感。

阿华在研究了心胸狭窄的人的弱点之后，决定采取以退为进的绵里藏针的策略，不再一味忍让，而是退让中含有反击，也就是将退让透明化，让自己的同事都知道自己是为了顾全大局在忍耐，而并不是惧怕王先生，以求得公众的理解与支持，用自己的宽容反衬出王先生行事的不端。这种以退为进的策略果然有效，同事和上司都对他做出的高姿态表示支持。有道是众怒难犯，王先生为了自己在众人面前的形象也不得不有所收敛，并做出友好的表示。阿华的第二步是小事继续容忍，让王先生有一种平衡的感觉，而在大事上则坚决反击，让王先生产生一种敬畏感。经过这一番较量，心胸狭窄的王先生领教了阿华绵里藏针的厉害，凡事不敢做的太出格。两个人虽然不可能很亲近，可倒也能够彼此相安无事，和平共处。

这样的人在办公室中的人际关系一般情况下都不会太好，同样是同事，物以类聚，既然与你的关系不好，与其他人的关系也不会很好。他们一般与上级的关系比较好，但上级一般不会插手同事之间的事。

在实施这种策略时，首先要分析办公室中的人际关系，防止受到暗算，虽然同事偏向于你，但真正关键时出手的并不多。其次要注意时间和地点以及影响范围，使用这种方法最好不要影响工作，影响工作后肯定有领导出面，无论怎样都不是什么好事。在迫不得已的情况下的反抗，应该向领导解释情况，由领导进行调解，避免他们背后告状，怪罪到自己的头上。

近人的性格：
读懂自己的上司

1. 怎样与有矛盾的上司相处

在工作中我们常常会遇到这种情况，过去有过摩擦的同事忽然一天成了你的上司，解决这个难题的最好办法当然是调离。但调动工作岗位在机关来说不是一件易事，你正确的选择应该是与之调整关系。

你可以主动表示友善，将表面距离拉近，在任何情况下，都应该做出高姿态。这样，你与之关系不好的事实就被掩盖起来了，以防同事利用此矛盾对你进行排挤，同时你要记住，最好在其他同事面前少提你俩过去的关系，避免风言风语。不妨在人前人后多赞扬他的好处，表示你的大度和友谊。

当他因某事大发雷霆，但这事与你没半点儿关系，最好别花时间去了解，将麻烦留给别人好了，有人找你评个公道，你可以淡淡地说："事情的始末我不清楚，妄下断语，不好吧！"当然，茶余饭后，有人提及，你同样只宜做听众，切莫提意见。

这样，谈论者不会怪你，连那位老兄也不会听到你任何评语，对你自然不会有"新仇"。

要是事件与你有直接关系，最好采取低姿态，对方暴跳如雷时，就让他发泄，切忌与他对骂，而且要避免直接与他摊牌。

要做报告的话，只将事情始末以白纸黑字呈报上司，所有是与非就由他去裁决。但有风度的你，在事后也应保持缄默，或者索性忘却整件事，只记取对方的弱点就够了。

既然受到冷遇已成为一个事实，最高明的办法莫过于坦然地接受它，并努力使自己的心态做到平和，不但不为逆境所困扰，而且还能化不利为有利，使自己的精神永远不被打败。

调整心态是重要的，它决非是一时的权宜之计，更是今后建功立业不可或缺的修行。失意会给你一个使你变得更加坚强的机会，而这种坚强又是一个人事业有成的重要因素之一。

受上司的冷落，并不意味着你的一生都失去了发展的机会，若想到了这一点，你就应为迎接这种机遇而做好最充分的准备。而最好的准备莫过于武装自己，充实自己，增长自己的才干。

而有的时候，你不能得宠，可能确实是因为你的工作能力不佳，不能够胜任上司分派的工作，或不能与上司形成心有灵犀的默契关系。此时，你就更应该为自己补补课了。

在受人冷遇的日子里，你可以从繁忙沉重的工作负担中解脱出来，拥有一片闲适的自由空间。在此期间，你可去上夜大，考取一项职称、读读史书或者去完成一项你思虑已久却没空去做的任务。只要你不颓废，不绝望，用心去做，你会收获非常多的东西。

美国前总统尼克松曾两次竞选失败，但他并未因此而气馁。在经受失败煎熬，得不到权力中心重视的日子里，他认真总结了自己的经验，并积极展开各种政治交往活动，最终登上了总统的宝座。另一位美国前总统曾评价说："在美国历史上没有一个人为了履行总统职责曾经做过这样周到的准备。"

有许多的时候，上司冷落某一个下属，是因为他不大了解这个人，不能深入地知道下属的才干，或者对下属的忠诚没有把握。因此，在你尚未得到重视之前，是很难得到上司的重用的。

属于这种情况的，下属就应该采取主动措施加强与上司的沟通和接触，或者注意提高自己的知名度。有意识地去寻找与上司交流的机会：请教一个问题、提出一个建议、与上司聊天……同时，你不妨在某一领域一显身手，如跳舞、书法、写作，从而引起上司的注意。甚至你可以通过增加在上司面前出现的频率来增加他对你的印象和兴趣，从而为交流奠定某种心理基础。

当你确实有能力，却又得不到青睐时，怎么办？在目前这种竞争激烈的环境下，对有些人来说，等待的代价似乎太大了。此时，你就不妨开动一下脑筋，运用智慧和技巧，借以提高自己的重要性，使上司不敢或不能忽视你。

当然，如何用谋、采取何种技巧必须要因时因势而定，这取决于你的人际关系的力量、你的能力与特长以及你所遇到的机遇，这里并不存在一成不变的模式。但是，学会与上司斗智，有时的确会让你受益匪浅。

在现代社会，"酒香不怕巷子深"的时代早已过去，下属必须学会推销自己的技巧，使自己的重要价值被上司重视，从而使自己走出事业的低谷，获得上司的青睐与赏识，在人生盛年做出一番成就来。

有些人被上司冷落，其实是因为他选错了职业或位置，因而使自己的才干不能发挥出来，导致"英雄无用武之地"，自身的价值得不到上司的赏识。还有些时候，是因为单位里人才济济，存在着太强的竞争对手，使你的才干无法显现。当然，在某些不正常的情况下，可能是因为你所在的单位在人事任用方面存在着"任人唯亲"、不重视才能等问题，这样，许多人才便不被上司重视或不能见容于上司，因而备受冷遇。

遇到这些比较艰难的情况，与其在这里空耗时间和精力，倒不如抽身而去，到那些更能发挥自己的才能、更需要你才干的部门或职位去。毕竟，在现代社会里，年轻也是一种资本，时光流逝，强手如林，我们正应该在年富力强之时努力做出点成绩来，否则，时不我待，悔之晚矣。

固然，由于种种现实因素的制约，调整是有代价的，不免带来阵痛，但是，它也会给你带来新生。在这里借用一句马克思的名言："你失去的只是枷锁，而得到的却是整个世界。"

主动化解，对自己要求更加严格一点，尽量在工作上不给别人留下贬低你的机会。同时，冤家宜解不宜结，你要放弃过去谁是谁非的概念，主动邀请或通过朋友请上司吃一顿饭，交流一下感情，口中不说，人人心里有数，一切从零开始，而不要从负数开始。这是解决这个难题的基本原则。

2. 怎样对待上司的批评

任何人在单位工作时间长了，都免不了会碰到被上司批评的情况，但我们大可不必为此忧心忡忡，拼命地反省自己，实际上，上司批评或训斥下属，有时是发现了问题进行纠正；有时是出于一种调整关系的需要，告诉受批评者不要太自以为是，或把事情看得太简单；有时是为了显示自己的威信和尊严，与下属保持或拉开一定的距离；有时是"杀一儆百"、"杀鸡儆猴"，不该受批评的人受批评，其实还有一层"代人受过"的意思……搞清楚了上司是为什么批评你，你便会把握情况，从容应付。

受到上司批评时，最需要表现出诚恳的态度，从批评中确实接受了什么，学到了什么。最让上司恼火的，就是他的话被你当成了"耳旁风"。而如果你对批评置若罔闻，我行我素，这种效果也许比当面顶撞更糟。因为，你的眼里没有上司。

对批评不要不服气和牢骚满腹。批评有批评的道理，错误的批评也有其可接受的出发点。更何况，有些聪明的下属善于"利用"批评，也就是说，受批评才能了解上司，接受批评才能体现对上司的尊重。所以，批评的对与错本身有什么关系呢？比如说错误的批评吧，对你晋升来说，其影响本身是有限的，你处理得好，反而会成为有利因素。可是，如果你不服气，发牢骚，那么，你这种做法产生的负效应，足以使你和上司的感情拉大距离，关系恶化。当上司认为你"批评不起"、"批评不得"时，也就产生了相伴随的印象——认为你"用不起"、"提拔不得"。

受到上司批评时，最忌当面顶撞。当面顶撞是最不明智的做法，既然是公开场合，你下不了台，反过来也会使上司下不了台。其实，如果在上司一怒之下而发其威风时，你给了他面子，这本身就埋下了伏笔，设下了转机。你能坦然大度地接受其批评，他会在潜意识中产生歉疚之情，或感激之情。

受到上司批评时，反复纠缠、争辩，希望弄个一清二楚，这是很没有必要的。确有冤情，确有误解怎么办？可找一两次机会表白一下，点到为止。即使上司没有为你"平反昭雪"，也完全用不着纠缠不休。这种斤斤计较型的下属，是很让上司头疼的。如果你的目的仅仅是为了不受批评，当然可以"寸土必争"，"寸理不让"。可是，一个把上司搞得精疲力尽的人，又谈何晋升呢？

受批评，甚至受训斥，与受到某种正式的处分、惩罚是很不同的。在正式的处分中，你的某种权利在一定程度上受到限制或剥夺。如果你是冤枉的，当然应认真地申辩或申诉，直到搞清楚为止，从而保护自己的正当权益。但是，受批评则不同，即使是受到错误的批评，使你在情感上、自尊心上，或在周围人们心目中的形象受到一定影响，但你处理得好，不仅会得到补偿，甚至会收到更有利的效果。相反，过于追求弄清是非曲直，反而会使人们感到你心胸狭窄，经不起任何误解，人们对你只能戒备三分了。

3. 怎样与摆架子的上司相处

摆架子，实际上是封建衙门作风的表现。这样的上司总认为自己高人一等，对自己的下属不屑一顾，喜欢让下属众星捧月似地抬举他。

如果你的上司是个架子十足的人，可试着采用以下交往方式：

（1）不买账，根本不把他的臭架子放在眼里

他端架子是吓唬人，是想使下属被其"威严"震慑住，从而惧怕他，绝对服从他。那么你表现出对这一点毫不在乎，或假装没看出来，大大方方地、沉着冷静地，同时又礼貌得体地与之接触，他也就无可奈何了。如果他不顾面子，盛气凌人，待人以非礼，那么就"以其人之道，还治其人之身"，让他也尝尝"被侮辱与被损害"的滋味。有些上司，刚上任不久，也能平易近人，时间长了怎么就不行了呢？上司之所以摆起了架子，其中一个重要原因是由于一些下属，老在他面前低三下四，陪着笑脸，唯唯诺诺，这很容易使他养成摆架子的坏习气。如果真遇到不买他账的人，他的架子还真就拿不起来、摆不起来。

（2）尽量少与之打交道

除了必要的工作接触以外，无须运用其他形式对其进行感情投资。这种上司就是觉得自己很重要，下属都有求于我，谁也离不开我。如果把其冷落下来，他也许就会进行冷静的反思了。

4. 与上司有分歧怎么办

同事之间发生意见分歧比较好办，可以商量，可以争论，或者干脆不照他的意见办。可是与上司有意见分歧却不好办，争论有碍情面，不听取不合适，执行吧，明明他的意见不可取，实在为难。这应该怎么办呢？

（1）认真分析

认真分析与上司意见分歧究竟在哪里？是上司的意见正确，还是自己的意见正确。如果是上司的意见正确，那么就应该立即放弃自己不正确的意见。一切不好意思、有失面子的想法都是错误的，如果有勇气的话，可以当面向上司说明自己意见的不正确。

如果自己的意见是正确的，那么，就应该坚持下去，不能因为是和上司有分歧，而放弃自己的正确意见。因为正确的意见对工作有利，而不正确的意见对工作不利。

可是，有些时候，自己的意见是否正确，还没有把握，上司的意见是否错误，也缺乏根据，这时，就更要采取慎重态度，暂时把分歧放在一边，让事实来证明它的正确与否。

（2）注意方法

如果认为自己的意见是正确的，而上司的意见是错误的，那么，为了避免工作上的损失，就应积极主动地对上司进行解释工作。在解释时除了耐心、细心以外，还要注意方式方法。特别是对上司，如果不注意方式方法，那么就会有不尊重上司之嫌。

下面是一个著名的劝说实例：

1939 年 10 月 11 日，美国白宫在进行一次具有历史意义的交谈。美国经济学家、罗斯福总统的私人顾问萨克斯受爱因斯坦等科学家的委托，正在说服罗斯福总统重视原子能的研究，抢在纳粹德国之前制造原子弹。

萨克斯一直等了两个多月，才得到了这一次面见总统的机会，自然十分珍惜。他先向总统面呈爱因斯坦的长信，接着谈了科学家们关于核裂变发现的备忘录，一心想说服罗斯福总统。可是罗斯福总统却听不懂那深奥艰涩的科学论述，反应十分冷淡。直到萨克斯说得口干舌燥，总统才说："这些都很有趣，不过政府若在现阶段干预此事，看来还为时过早。"

萨克斯心灰意冷地向总统辞别。这时，罗斯福为了表示歉意，邀请他第二天来共进早餐，这无疑又给了萨克斯一次机会。萨克斯心事重重，深知问题的严重性和紧迫性。为此，他整夜在公园里踯躅，苦苦思索着说服总统的办法。

第二天早上 7 点钟，萨克斯与罗斯福在餐桌前共进早餐。他还未开口，罗斯福就说："今天不许再谈爱因斯坦的信，一句也不许谈，明白吗？"

"我想讲一点历史，"萨克斯看了总统一眼，见总统正含笑望着自己，他说，"英法战争时期，在欧洲大陆上不可一世的拿破仑，在海上却屡战屡败。这时，一位年轻的美国发明家富尔顿来到了这位法国皇帝面前，建议把法国战舰的桅杆砍断，撤去风帆，装上蒸汽机，把木板换成钢板。可是拿破仑却想，船没有帆就不能走，木板换成钢板就会沉没。于是，他把富尔顿轰了出去。历史学家们在评论这段历史时认为，如果当时拿破仑采纳了富尔顿的建议，19 世纪的历史就得重写。"萨克斯说完后，目光深沉地注视着总统。

罗斯福沉思了几分钟，然后取出一瓶拿破仑时代的法国白兰地，斟满了酒杯，把酒杯递给萨克斯，说道："你胜利了！"

萨克斯热泪盈眶，他说："总统的这句话，揭开了美国制造原子弹历史新的一页。"

本来罗斯福是坚决不考虑原子弹的问题的,可由于萨克斯采取了比较好的方式方法,罗斯福居然改变了看法,收回了成命,同意萨克斯的意见。

由此可以看出,与上司交谈,要使上司改变看法,一定要注意方式方法。

(3)注意态度

要劝说上司改变意见,态度很重要。态度要诚恳、耐心,切忌粗暴、鲁莽,不能伤害上司的自尊心。如果上司用强硬态度来压服你,你不会同意。同样,你用强硬态度试图压服上司改变意见,上司也不会同意。因此,只有诚恳的态度才能解决问题。

5. 上司不公正怎么办

上司也是人,也有感情和私心,在处理一些事情时,难免易用感情,私心较重,处事不公平,常常不能公正地对待下属。你要是遇上这样不能"一碗水端平"的上司,该怎么办呢?

上司的不公正,一般表现为对下属评价不公、对下属不能一视同仁、贪占下属功绩、给下属穿小鞋等几个方面。针对这几个方面,你可以采取不同的措施加以改变。

(1)对待上司的评价不公

例如,在年终总结、评定职称、评先进时,上司对你的评价不够公正。这时,你不可不说话,那样他会认为对你的鉴定是正确的。你可以心平气和地主动找领导交谈,了解他的评价标准,以及他的根据。如果你觉得是自己不足,就可以请他指出努力方向。如果是他对你了解不够，你可以作些自我介绍，以使他进一步了解你。如果确属不公，你可以把评价标准记下来，指出评价不全面的地方。遇到下次再鉴定时，可以预先和他交谈评价标准以及他的根据，请他注意掌握评价标准的全面性，同时，你也汇报自己在上次评价后的努力。这样，从双方面努力，他不断改进评价标准，你不断作出努力，以后会使他逐渐对你作出正确评价。切不可因一次评价不正确，就同他大吵大闹，那样反而会影响你自己的形象。

(2) 对待上司的不一视同仁

有的上司如果对下属不一视同仁，有亲有疏，偏向一些会来事、会说话、会溜须拍马的下属，那你也不必气愤，更不要去投其所好。要知道，群众的眼睛是雪亮的，哪个溜须拍马，哪个吃拍，都会被人识破。拍马会被指责为小人之举，吃拍会因此而失掉群众基础。对于自己来说，明智的态度是更加兢兢业业做好本职工作，用你的工作业绩来争取群众的公论，用你出色的工作业绩来改变上司的偏见。

(3) 对待上司贪占功绩

上司的这种做法似乎很不道德，但你又不好直接指出他这种不妥的做法，这类事可采取以下方法处理：

如果你的这项发明创造或者论文之类，对你来说并不特别重要，并且你的机会还很多，你可以在进行研制或写作过程中，争取上司的参与，听取他的意见。听了他的意见，总比不听好些。在进行过程中如果有什么困难，也可请他帮助，上司一般是愿意出力的。在成果出来以后，你不妨加上他的名字，反正他是参与过的。这样，成绩既不会被他一人独吞，又能照顾他的面子。他心里明白，你是此项成果的主要出力人。与上司真正的合作，也是同上司搞好关系的一个方面。

如果，技术成果完全是你搞的，或论文完全是你写的，他却想独占，你可以对他说："在这件事上我是费了很多力气的，这一点大家都很清楚，当然也离不开上司的支持，所以还是要提到我的名字，这不但使我高兴，大家也会高兴。"这样的说法，既不伤害他，又会使他感到很有压力，就不会轻易抛开你。

如果上司仍然要独占这些成果，你可以向他暗示你将通过他的上司和其他同事乃至大众传媒等途径来反对他的这种做法(特别是利用和他有矛盾的其他上司和同事的力量来反对他)，让他感到独占这项成果要付出很高的代价，这样就可能改变他的做法。

(4)对待上司给下属穿小鞋

在工作中，由于某些原因而得罪了自己的上司是常见的事。有些上司往往会由此而在某些事情上给下属小鞋穿，这无疑是一种很难受的事情。在这种情况下，我们该采取一种什么样的态度呢？如果说就此而与上司大吵大闹一番，可能会出一口恶气，也可能对事情有所补益，但长久下去，只会造成更大的恶果。如果干脆忍着，哑巴吃黄连，有苦往肚子里吞，那也不是一回事，而且会造成一种可以任人欺负的印象，以后可能照旧被人穿小鞋。对此，以下几点你应该清楚：

①你必须弄清楚上司的做法是否真是给你小鞋穿。有时，由于自己与上司有意见，便总是把上司对自己的某些态度和做法往这方面想，如同中国寓言故事的"邻人偷斧"一样，从而采取错误和不明智的举动。实际上，如果你不是与上司有什么根本的利益冲突，上司也没有那么大的精力做这种毫无意义的事情。

②有时上司的确是在给你穿小鞋，但是，他的做法往往是有理有据的，是无可指责的。在这种情况下，你很可能找不出什么理由去与其争吵。即使你去闹，他也完全可以用非常冠冕堂皇的话打发你，甚至以无理取闹来批评你。所以，在这种情况下，不如干脆忍着。

③如果你的确有证据表明上司给你小鞋穿，而且，他的做法也表现得十分明显，在这种情况下，你便可以与其理论一番。但是，在步骤上仍要

仔细考虑如何去做。你不妨先私下找他谈一回,表明自己的态度和想法,希望其能够有所调整、改正,并充分地诉说自己的理由。如果在这种情况下,上司仍坚持己见,执意不改,那么,在适当的场合,把事情给予充分地曝光,则是完全必要的。这样做,一方面把事情公诸于众,把矛盾公开化,让群众评理;另一方面也表明自己的态度,从而给上司一种压力,使之不敢轻易地给人小鞋穿。

总之,与上司之间首先要尽可能保持一种和谐、融洽的关系,有了矛盾应尽可能及时处理和化解,这才是积极防止被其穿小鞋的做法。而采取吵闹的方式,不能不说是下策。

6. 上司是工作狂怎么办

我们干工作,不只为了生活的需要,同时也是为了体现人生的价值,努力工作,是理所当然的事情。但是,如果把工作当成生活的全部,不分节假日,不分白天黑夜,连续不停地工作,成了工作狂,那也并不是好事。人毕竟不是机器,就连机器超负荷工作的时间长了,也会缩短使用寿命。会休息的人才会工作,再说,生活中还有许多值得我们去做的事情,如果把全部时间都用在工作上,有什么人生乐趣可言呢?

要是你的上司是个工作狂,并且他认为人人都应该如此,天天让你超时工作,周末、周日依然要加班加点,你应该怎么办呢?是毫无怨言地接受,还是想办法改善你的处境呢?

如果你像上司希望的那样,连续不断地工作,终有一天你会累趴下的。身体是工作的本钱,身体垮了,还谈什么工作呢?所以,高明之举,是应该想办法改善目前的状况。

（1）建议上司增添临时工

一般情况下，上司出于对成本的考虑，是不会轻易增加员工的，但这并不是说让上司增添员工完全没有可能。你可以先把工作量和程序分析一下，是否有些任务可以交由临时员工来做？如果可以，你再向有关人才中介机构查询适合的人选、酬劳，然后预备一份计划书，去找上司。

不要提及工作量过大，或你已完全失去私人生活这两点，而是向他解释，多添一个临时员工，有助任务的进行，对公司绝对有好处。

（2）开始减少假日的工作

若上司问及，只告诉他你有重要家庭聚会好了，如果他表示不满，告诉他你会用平日超时工作补救。

每个刚参加工作的人，大都不介意超时工作，乐于承担更多的任务。

可是，渐渐发现工作竟是没完没了的，超时工作不是解决问题的方法，最可怕的是，你的上司是个理想主义者，工作就是他的生命，所以，为他效力，无法有闲下来的时刻，亦不会受到欣赏。

唯一会令情况有改变的做法是，教育上司，让他明白，不断埋头工作，花掉公休时间，并不是聪明和应该的做法。

例如，某项任务，他要求你按他的指示去做，并给你两整天的时间，而你经过分析，采用了你个人的另一套方式去处理，且在不超时工作之下，在限期之前完成了任务。

一次如此，两次如此，你等于是在向他示威，告诉他有更精明的做法。如果他够谦虚、爱才，大概会接受这一套的；相反，主观顽固的他，可能极端反感，如此，你还是趁早另谋高就。

7. 上司爱发脾气怎么办

脾气大、爱发火的上司,大部分属于那种工作作风泼辣、雷厉风行的人。他们把完成工作或任务看得很重,在这方面稍微有一点使他们不满意的地方,他们就有可能对下属咆哮或大声叫骂。

这样的上司大部分心地并不坏,在他心情好的时候显得很随和,甚至会有点腼腆,一旦发起火来,却很难控制自己。哪个下属要是撞到他的"火口"上,不"烧伤"也得疼一阵子。

在这样的上司手下工作,常会遇到他发脾气,处理不当便会影响你工作的心情、上下级关系的和谐,因此要学会与之相处的艺术,这于己于他都有利。

该如何与脾气大的上司友好相处呢?我们认为,你可从以下几方面着手:

(1)管好火源

脾气大的人,往往性子比较急躁,肚子里装不得一点事,容易发火,一点就着,一碰就响。与这样的上司相处,你要了解他的性格特点,同时也要理解他,他不是对你特别过不去。你呢,就像面对着一堆易燃易爆品,要切实管好火源,认真做好本职工作,上司交办的事,不拖延耽搁;办事利索些,雷厉风行;事前做好各种准备工作,说话不要太呛。总之,不要故意"放火",尽力避免摩擦"点火",这样上司的脾气也就没有那么多机会发作了。

(2)先让上司的火气发出来

当下属遇到上司发火时,最好的办法就是硬起头皮来洗耳恭听。正确则接受,不对则事后再找机会说明,这比马上辩解、风助火势、火上烧油要高明不知多少倍。

上司正在火头上,理智最容易受情绪的支配,很难冷静地分析问题和听取意见,许多人正是在"一怒之下"做出许多遗恨千古的事情。所以,你必须明白,向情绪尚处于激动状态的上司所做的任何辩白,在效果上都是徒劳的,而且会适得其反。

再说,"火"压在心中,无论对谁都是很难受的。现代医学就证明了宣泄比压抑对保证身心健康能起到更重要的作用。也许你用某种手段侥幸使上司压住了火气,但它迟早还是会在另一处或另一时爆发的,而且火势可能更猛,更不利于解决问题。所以,甘当上司的"出气筒",对上司有益,最终对下属也有利。

(3)把握火候,善意规劝

一般情况下,人们发完脾气后,都是会有些后悔和自责的,许多上司还会为自己不能"制怒"而感到有些懊悔。下属可以利用这个时机,规劝上司,讲明常发火对身体、对同事和对工作带来的不利影响,请上司遇事要冷静、理智,不要放纵不好的脾性。正因为上司此时心里懊悔,所以他才能够接受下属的规劝。

(4)事后再做解释

不管上司发火在不在理,也不管你有多少理由,在其火气正盛之时,一句解释的话都是多余的。你可以在上司发完脾气安静下来后,找个合适的时间来做解释。

如果下属的确做错了事,一定不要羞于再见上司,或害怕再被训斥,高明的上司是绝不会为同一个问题动两次肝火的。但下属在事后深刻地检讨和表明决心却是十分必要的,它表明,你并没有忽视上司的话,你有了自我反省并希望有机会进行改正的愿望。此时,上司必然会说:"其实昨天我的态度也不好……"这样,他就不会苛刻地要求你了,相反,作为对你"态度不好的"补偿,他可能较平常更为宽容和大度。

如果上司对下属的责难是错误的,下属就更应该在事后澄清,洗去不白之冤。但是,虽然真理在手,下属仍是要讲究策略的。这里,为你提供一个小小的技巧,即先承认自己的一点错误,然后再话锋一转,向上司解释事情的真相和原委。

为何要先承认自己的一点错误呢?

道理很简单,那就是给上司一个台阶下。否则的话,这就等于说上司原先的训斥是毫无道理、完全错误的,这自然会使上司在心理上无法认同。没有心理上的契合,那你后面的解释自然就不会被悉心听取。使上司有尊严感,就会防止他为获取尊严而采取不利于你的行动。况且,每一个下属都不一定是无可挑剔、没有错误的,上司的斥责也不一定都是错的。

(5)拿出事实和行动来

事实胜于雄辩,行动胜于表白。有时候,上司发脾气,我们只有拿出事实和行动来,才能熄灭他的火气。

如果上司是因为你的工作出了问题而大发脾气,你应该马上行动起来,采取措施补救和改正。上司看到他的话已起了作用,火气就消去了一大半。如果上司发火不在理,使你受了委屈,你有确凿事实或材料可以证明,那你不妨坚持一下自己的看法。用事实而不是解释来证明自己没错,但要注意方式,不可过激,要沉静自信,并且言简意赅。

(6)要正确对待上司的发火

不管上司发火是否有道理,他毕竟是上司,从维护上司尊严的角度来说,下属应该正确对待上司的发火。

王根宝先生在他的《与领导相处的艺术》一书中提出了处理上司发火的 10 条建议,现录于下仅供大家参考:

①不马上反驳,或愤愤离开。

②不中途打断领导者的话，为自己辩解。

③不要表现出漫不经心或不屑一顾。

④不文过饰非，嫁祸于人。

⑤不故意嘲笑对方。

⑥不用刻薄的含沙射影的语言给领导者某种暗示。

⑦不对领导进行反批评。

⑧不转移话题，假装没听懂对方的话。

⑨不故作姿态，虚情假意。

⑩不灰心丧气，影响工作。

8. 上司爱挑剔怎么办

　　碰到爱挑剔的上司是最令人头痛的事了，由于他的存在，你常常会处于不自信的状态之中，因为他老是打击你的情绪。比如，明明你是完全按照他的吩咐去处理一件事的，过后他又指责你办事不妥；公函内容和打字格式是他告诉你的，等你拿给他签字时，他又说这封信应该重打；你从事的是专业性很强的工作，可对你专业一知半解的上司偏偏对你的能力"不放心"……如此这般的例子还能举出很多。在挑剔的上司手下干活觉得自己浑身上下的汗毛都是竖着长的，左右都不是，怎么做都让他看不惯。

　　有的上司如果有妒忌、小器、自私、偏见等心理的话，就会处处刁难下属，即使下属把一切工作都做得非常好，他也会鸡蛋里挑骨头，没事找出事来。就一般情况而言，他之所以爱挑剔，不外乎受两种动力驱使。一种动力是长期以自我为中心形成的跋扈乖张的性格；另一种动力是由于缺乏自信而产生的压抑下属能力的本能。

不管怎么说,碰到爱挑剔的上司,对下属而言,总是不利的。那么,该怎么办呢?以下几种方法不妨一试:

　　(1)弄清上司的意图

　　当上司交给你一项任务之时,你应该问清楚他的要求、工作性质、最后完成的期限等等,避免彼此发生误解,应尽量符合他的要求。

　　有一位叫小王的朋友,他的老板是个非常挑剔的家伙,但他对小王却不像对其他人那样百般挑剔。原因就在于每当老板给小王交待一项任务时,小王就拖住老板不放,问题问个不停,一直到把什么事情都问个清清楚楚才罢休。结果老板当然没什么可挑剔的了。

　　(2)设法获取上司的信任

　　假如上司处处刁难你,可能是担心你将来会取代他的位置。这时,你应该尽自己最大的努力使他安心,让他明白你是一个忠心的下属,你可以主动提出定时向他报告的建议,让上司完全了解你的工作情况。一旦获得他的信任后,他便不会对你有过分的要求。

　　(3)正视问题

　　不要回避问题,尊重自己的人格,不卑不亢。正视问题,尝试与你的上司相处,针对事情而不是针对个人。例如:上司无理取闹的时候,你应该据理力争,抱着"错了我承认,不是我的错而要我承认,恕难照办"的态度,论理而不是吵架,让他感觉到你的思想和人格。一个言行一致、处事有原则的人别人自然不会小看,就算老板也不例外。

　　(4)别太计较

　　不要对上司的挑剔或刁难太计较,能过去就过去。应该把自己的工作放在最重要的位置。把工作放在第一位,这有两层含义:第一层含义是指出色的工作是赢得上司看重的基本条件。你一定要把分内的工作完成妥当,切勿"练精学懒"。未开始着手做事之前,先弄清楚上司的要求与工作期望,作风踏实,自然就能减少出错的机会。第二层含义是针对"三十六计,走为上"讲的。当工作中出现麻烦时,人们很容易想到一走了之。其实,"走"并非任何时候都是上策,古代兵法中的"走为上"是当处于"被全歼"或"损失主力"时采取的一种保存实力,来日再战的策略。工作中的矛盾恐怕决不像打仗一样,你死我活,非此即彼。遇到什么样的上司是可遇而不可求的,如果眼前的这份工作能满足你的要求,比如丰厚的薪水、优雅的工作环境等,那么你就不要放弃这份工作。如果你非常爱自己的工作,想在上面做一番业绩,那就尽量不要放弃目前的工作,不要把上司的人品与钟爱的事业同日而语。

9. 如何与平庸型上司相处

平庸型的上司对你或许不是坏事,是金子放到哪里都闪光。对这样的上司不要轻视,要鼎力相助;不要过多埋怨,要确定合理的期望值。

平庸型上司大多缺乏工作能力和上司能力,没有魄力,人格不完善,最终下属是怨声载道,干不出成绩。这样的上司往往不受群众欢迎。

平庸型上司具有的共同特点有:能力差却事事都想插手;决策武断听不进建议;水平不高却担心身边的人看不起;成绩不多因而常争抢下属的功劳。

大多数人都不喜欢自己做平庸上司的部下,但遇上这样的上司又没有别的选择,所以最好"既来之则安之",不如善待上司。

(1)弱将手下照样出强兵

流行的观念认为,强将手下无弱兵,以为一般人在能力强、领导有方的环境中提高快、进步快。实际上,对一些能力强的下属而言,在平庸型上司手下更能春风得意地表现自己,如果受能力型上司的指挥,可能发挥不出自己的主观能动性。

以诸葛亮与"阿斗"刘禅的关系为例。刘禅历史上留有"扶不起的阿斗"之名，是个典型的平庸型上司，基本上不懂得治国方略，完全依赖诸葛亮出谋定计。诸葛亮的确是一代英才，上通天文下晓地理，对治国安邦、指挥作战、发展经济都很有一套办法。诸葛亮的才能之所以发挥得如此淋漓尽致，与他所处的宽松环境和遇到两位能力平平的君主有关。假使诸葛亮跟从曹操做手下幕僚，曹操是不会把军政大权让他"一把抓"的，历史上的诸葛亮恐怕也就不存在了。

可见，有个平庸的上司并不一定是坏事，关键在于自己是否有能力、有水平，在这样的环境中与上司处理好关系，不愁无用武之地。

（2）期望值要合理

对平庸型上司往往是"希望越大，失望越大"，故而应将期望值定得合适，不要太高，不要超过上司能力所能达到的限度。

某研究单位，所长一年就安排了一个调研课题，有些研究人员很不满，议论所长自己不行就认为大家也不行，多安排些课题不仅可争取些经费，而且成果也多，于是闹得沸沸扬扬。同时，也有人认为所长水平就在那里摆着，搞多了调查研究怕弄不好，反而不如集中精力做一个，这一个课题做好也就不错了。尽管有些人有意见，所长仍坚持自己的原定安排。相比之下，一种意见从所长的实际水平出发，另一种意见则超出了上司的能力，故而形成基本满意和基本不满意两种结果。

（3）扶助领导出谋划策

平庸型的上司一般决策水平也不高，拿不出好主意，易受下属影响，忠诚地为之献策献计的人往往能受到他的重用。

上司在遇到棘手问题而束手无策时，很注意留心观察下属的反应，对那些袖手旁观，不替自己分忧解难的人肯定会心里记恨。平庸型上司最忌讳下属对工作不尽心尽力，痛恨下属看自己的"呵呵笑"。

不要小看没有多大能力的平庸的上司,他之所以能够升到上司的位置,必然有他的理由和根据。有些缺点是可以克服的,但有些弱点并不是能够弥补的。一句话,要善待你那平庸型的上司。

10. 如何与优柔寡断型上司相处

上司优柔寡断很不利于工作顺利开展,对这样的上司想法贴近,取得信任票;说服要有耐心,切不可性急;为防止朝令夕改,要想办法堵住上司的口,不让他自己打自己的嘴巴。

优柔寡断型上司有几个共同特点:决定问题时左思右想,前怕狼后怕虎,举棋不定,犹豫不决;办起事情来畏手畏脚,小心翼翼;事后常常后悔不迭、抱怨连天。这样的上司粘粘糊糊,缺乏魅力,给人感觉就是胆子小,不痛快,甚至会给工作带来麻烦,让大家都受到牵连。

项羽就是个优柔寡断、当断不断的人。范增作为项羽的谋臣,为除掉刘邦设了鸿门宴一计。在酒席上,范增几次用眼色向项羽示意,三度举起佩带的玉玦给项羽看,表示促其快下决定杀掉刘邦,项羽犹豫不决,还装作没看见范增的示意。范增又施一计,让项庄舞剑,想趁机杀死刘邦,没能成功,是樊哙把项羽吓住了。后来,刘邦借口上厕所逃走,项羽竟然还有心情接受张良献上的礼品玉璧,结果是放虎归山,留下后患,致使项羽最后死在刘邦之手,项羽手下大臣也跟着倒了霉。

由项羽的教训看来,与优柔寡断的上司相处,必然要有一套办法。

(1)贴进上司,取得信任票

优柔寡断的上司缺乏主见,很容易受各方面意见的左右,听的意见多了,就犹豫不决起来。此时,心腹或亲信的话将起决定作用。因此,要使上司接受你的建议或主张,应该平时注意加强与上司的感情联络,取得上司的信任。常言道:熟人好办事。这句话对优柔寡断型上司同样适用。

对待举棋不定的上司要"贴",通过感情投资有效地控制他的决定。人们经常批评,"平时不烧香,急来抱佛脚",说明平时不贴近上司,到他犹豫不决时恐怕你也束手无策了。

(2)说服应有耐心,不可急于求成

犹豫不决的上司遇事寡断,前怕狼后怕虎,进退维谷,最怕此时下属逼迫,如果下属过分着急,态度强硬,恐怕适得其反,上司会采取相反的办法,用以报复下属。"你跟我急,我还跟你急呢! 看谁急过谁!"事情这样就麻烦了。

说服寡断的上司非要有耐心不可,要和风细雨,不要疾风暴雨。慢慢地接触,反复权衡利弊,多种方案进行比较,最终达到说服的目的。心诚则灵,功到自然成,上司也会被慢慢感化的。

实在是一时说服不动上司的,临时放一放,等机会成熟了再讲。

(3)争取其明确承诺

有些优柔寡断的上司经常朝令夕改,早晨的决定和命令,到下午就不算数了,经常变动自己的决定,使下属很被动,很尴尬。对付这种情况的一个有效办法就是争取上司明确的承诺,上司已经肯定和认可的决定,让他保证执行起来后不再做根本性翻改。

承诺在一定程度上很有效,常言说"一诺千金",说了就应该兑现。"君子一言驷马难追",上司也会考虑自己说话的分量和权威性,经常食言不仅对他的威信,而且对他的面子也是一种损害。所以,上司一旦在众人面前承诺以后,一般也争取不再变化,能过去的也就过去了。承诺有助于坚定上司的信心,防止他再前思后想反复无常。

争取到了上司的承诺,也就堵住了他的口,防止了上司自己打自己的嘴巴。

11. 如何与多疑型上司相处

与"疑神疑鬼"的上司相处时不要随随便便,要小心谨慎,多请示、勤汇报工作会使他感到放心;对因信心不足而疑心重重的上司要常给他"打气"。

历史上的一代奸雄曹操就是个个性多疑的人。曹操与陈宫逃到吕伯奢家里,吕伯奢好心招待,曹操过分警惕,谁也不相信,听到庄后有磨刀之声,疑是想杀自己,结果杀了吕伯奢全家。后发现自己属疑心太重误杀人命,不但不惭愧,还说:"宁教我负天下人,休教天下人负我。"

多疑型上司一般表现为:过度警惕,对下属的一言一行都得琢磨琢磨;不信任下属,凡事都要问个究竟;怀疑下属背着自己说坏话;与下属的感情一般;缺乏自信。

那么,怎样与疑心很重的上司相处呢?

(1)做事小心谨慎

凡事都要掂量掂量,从上司的角度考虑考虑,是否有破绽或漏洞,是否有引起上司不放心的地方。

小心谨慎没有错,多疑的上司看到你谨小慎微,事事处处都为了使他放心的样子,疑心自然会消除不少。

(2)常汇报,多请示

自己的下属在忙什么? 交办的事情进展如何? 下属在执行任务过程中做了什么手脚? 这些疑问都是上司常常挂在心上的,疑心重的人对这些问题都想清清楚楚地知道。

聪明的下属在做事的过程中,并不是一味去干,而是同时在考虑:"上司现在想了解哪些情况呢？我该怎样汇报才能让他放心？"

汇报、请示是最能使上司放心，不至于产生过多疑虑的方法，这样，下属也就能明哲保身，高枕无忧了。

少汇报、少请示的下属容易引起上司的猜疑，"这家伙怎么也不来问我？是看不起我吧？""或许在搞小动作！"时间长了，上司可能会找你的麻烦。

（3）善于给多疑型上司鼓气

多疑型上司一般是由于缺乏自信心、底气不足引起的，需要在关键时刻得到下属的激励，消除重重疑虑。荀彧就是曹操手下足智多谋的文臣，在曹操处在关键时候疑心重重、信心不足时常能激发起他的勇气。

官渡之战前，曹操粮草兵马与势力强大的袁绍比相差甚远，曹操很不自信，怕打不过袁绍，顾虑很多，心事重重。荀彧看出苗头，分析了天时、地利、人和，说明战机成熟，"断不可失！"曹操闻之信心大增，果然官渡之战以少胜多，大胜袁绍。现将毛宗岗评论曹操释疑和袁绍之疑的一段话录下供读者揣摩：

"袁绍善疑，曹操亦善疑。然曹操之疑，荀彧决之而不疑，所以胜也；袁绍之疑，沮授决之而仍疑，许攸决之而愈疑，所以败也。"

上司考虑问题时，因为所站的角度不同，考虑全面，所以矛盾多、疑问多，需要下属替上司释疑，鼓起上司的勇气。

12. 如何与武大郎开店型上司相处

武大郎开店型上司嫉妒的一是才，二是功。与这种领导相处，表现才能要有"度"、有"方"，并且可以适当在某些方面表现你的弱点；面对功劳时,更要面对上司,面对群众。

武大郎开了个店铺,因为自己个子矮,害怕自己的店员比自己高,雇佣店员时专门选择了一些个子比自己矮的人当店员。这个故事专门讽刺容不下部属才能超过自己、嫉妒下属才能的某些上司。

《水浒传》中的王伦是个小肚鸡肠、容不得别人比自己强的人,后来晁盖、吴用等投奔时遭到拒绝,结果被林冲一刀捅死。林冲的简单粗暴的方式在我们工作中是万万不可取的。

但对付武大郎开店式的上司需要有一套办法,因为在单位里有许多人就处理不好与心胸狭窄、容不得别人的上司的关系而频频碰壁,仕途不顺。理论上讲,这种素质的上司本该被淘汰,但在实际工作中,这些人却身居要害。基于此,我们的策略是防小人而不防君子的。

其一,表现才能有"度"。

在武大郎的店里,过分表现才能是不容许的,弄不好还会招来是非。

古人云:木秀于林风必摧之。这样的环境在我们的生活中是很多见的,所以,无论有多高才能和水平的人,都不能不有分寸地发挥,以免刺伤上司。

其二,表现才能有"方"。

这个"方"就是开辟自己的领域,发挥自己的专长,避免与上司的特长发生冲突。例如,上司研究房地产问题,你最好别在这里面"打转转",领域广阔的很,为什么偏偏与上司撞车呢?

其三,适当在某些方面表现"差"一些。

人各有长短,上司水平再差,也有比你强的地方;你水平再高,也有弱的地方。因此,不妨常在这样的地方表现一把,让心胸狭窄的人也舒畅一把,感受一下比别人强的滋味。

例如,你的上司在业务上或写文章上比不了你,但他的围棋下得好,并且因为工作中常觉得你表现太好而在心理上呈现出一种挫折感。那么,你不妨经常在围棋方面向他"挑战",结果当然是你被杀得落花流水,以至于片甲不留,看着你的狼狈相,上司自然也找到了平衡。

其四,谦虚谨慎,把功劳归于大家。

上司嫉妒下属最主要的表现在对成果的耿耿于怀上,同事也可能对你的成绩特别敏感。如果你居功自傲,尾巴翘得太高,实在是不明智,非倒霉不可。

最好的办法是尽可能把"沾边"的成绩都归于上司和集体,让大家也都沾沾边,都产生一点荣誉感,避免"功高震主"。

实在是自己努力的结果,不便归功别人,为了搞好上下左右关系,可以大方一些,请上大家一顿,很有利于消除矛盾,排除各种情绪,上司自然无话可讲。

13. 谈论前任上司要谨慎

不要轻易去谈论或评价前任上司,因为对新任上司来说,这是一个非常尴尬却又非常敏感的问题。一方面,下属可能因此而给上司留下一个不好的印象;另一方面,它也可能会使上司面临一个难堪的处境。

在对待前任上司的功过方面,新任上司的心态是比较矛盾的。一方面,他不希望在自己的新事业中仍残留着旧有权威的影响,他比较喜欢人们能承认和服从他的权威,而不是让前任上司的影子仍不时地出现在下属的头脑中;另一方面,新任上司同前任上司一样,处在同样的位置,对前任上司的评论很可能就成为新任上司卸职或转任后的评价,这不能不让人产生某种联想,不能不让上司对下属的用心产生某种怀疑。这种微妙复杂的心态使得我们必须对这个问题加以谨慎处置。

要知道,新任上司正是通过你对前任上司的评价来观察你的为人,推测你的品行,同时也在思忖:这人是否可用? 下属切切不可为讨好上司的想法冲昏了头脑,而不注意其所可能产生的客观效果。

下面几个方面值得下属注意:

第一,不可指责前任上司的短处。

某机关的老张,就因为对前任上司进行"揭短"而吃了个大苦头。

应该说老张与前任上司的关系比较一般,既谈不上最好但也算不上最差。虽然表面上还算融洽,但在私下里老张认为自己很不得志,自己的能力和才干没有得到充分的重视。因此,当前任上司转调他处时,老张高兴得不得了,认为这正是自己出头之日。

老张选择的策略是,在新任上司面前公开表示自己对前任上司的不满,说什么前任上司有"任人唯亲"、"以权谋私"、"不关心群众生活"、"独裁专制"等等的不良作风,自己对之厌恶已久;现在,来了一个知人善任的好上司,他本人是坚决拥护、全力支持,只要上司发话,他便愿赴汤蹈火而在所不辞。在许多场合,老张或强或弱地表示了这种态度。

新任上司似乎也并不反对他这样做,有时会制止他或提醒他应全面看问题,但从口气和眼神来看又分明是对其做法相当赞赏。

一切好像都进展得很顺利。老张对新上司处处殷勤款款,俨然成了领导的人。他想,自己肯定会得到奖赏,至少也得提上一级。

然而,人事调整的结果出来后却使老张大失所望,甚至还带有几分愤怒:被提拔的人的名单中根本没有他的名字。

经过一段时间,他才醒悟过来,他的做法并未真正获得新任上司的欢心,而且,他还被上司利用了,他不过充当了一个替新任上司"开路"的小角色。新任上司对他的唯一奖励就是:没有降他的职。

这个例子是很值得我们深思的。且不说前任上司是否真的不怎么样,也不说新任上司是否该利用自己的下属,但我们觉得,上司有充分的理由不去信任和鼓励这种公开斥责前任上司的下属。

其一，通过这位下属的言行，上司认为他的忠心值得怀疑。按照一个简单的逻辑推理：他既然能对前任上司进行背后斥责，那么他也可能会对新任上司这么做。一旦上司觉得你品质有问题、不可靠，他自然就不会把你当作亲信来培养了，说不准你就还背叛他，把一些内幕的事情传出去。

自古以来，上司就十分注重下属的"忠"和"义"，而对叛主求荣者恨之入骨。从曹操杀死献出城池、以求荣华富贵的降官，到曾国藩处死写悔过书以求活命的太平天国降将，我们都可以看出上司们的这种心态。所以，通过指斥前任上司的方法来表忠心，实在是弄巧成拙，"偷鸡不成反蚀一把米"。

其二，新任上司自己也可能有同样的短处。"人无完人，金无足赤"，新任上司就是白璧无瑕、事事完美吗？这是不可能的。像"独裁专断"这种作风可以说在上司身上是比较普遍的，虽然你是在说前任，但听起来难免就有含沙射影之意；即使他不认为你的话有"弦外之音"，但心里也不会很舒服。既然新任上司自己也做不到事事令人满意，那么，当他卸任后，他可能也会面临你同样的指责和攻击，这能不让他担心、防范吗？

还有些问题，其实并不属于上司个人的品质作风方面的问题。这样问题的产生是多种多样的，新任上司也不可能完全解决。那么，如果他支持你的言论，那不等于是自己绝自己的后路吗？

其三，前任上司肯定也会有很多的长处。一心盯在上司的问题上，这不仅反映了下属看待事情缺乏全面性，而且也会使上司感到不自在。毕竟，新任上司同前任一样，也都是上司。虽然两者在某些方面有时会有利益上的不一致性，但他们仍是有共同的心理基础和价值偏好的。爱对上司发难的下属一般都会为上司所讨厌，不管他是当事者还是不是当事者。

上司新上任，自然要有新风格，但无论怎样变化，他都必然要承继前任的一些做法,保留原有一些惯例。如果下属对前任上司的许多做法都横加指责,那么新任上司不是也要承担同样的指责吗?这样,上司便会失去选择的自由,自己打自己嘴巴。所以,他对像老张那样的下属必然是疏而远之。

其四,前任上司必然会有一大批支持者,新任上司刚一到任,为了取得各方面的支持,团结好各派势力,尽快创出工作实绩,他自然也不会支持那种否定前任上司的人。因为他不想因小失大,不想因一个人而失去一大批人。因此,不重用指责前任上司的下属也是利益和权衡的结果,上司当然是要趋利避害了。

如果你明白了上述的道理,你就一定会变得警觉而敏感,不随意去揭前任上司的短处了,事实证明,指责前任上司并不会使你得到新任上司的欢心,而且,结果常常是相反的。

第二,不可留恋以往。

揭前任上司之短固然不好,但留恋以往同样也没有什么好处。许多工作多年的同志都懂得,在新任上司面前流露出对前任上司的怀念与留恋,往往是一个致命的错误。

下属留恋在旧上司手下工作的日子,在新任上司看来就是表示对他的新政策的不满,或者是认为新任上司不如前任好,而这是最伤新上司的自尊与自信的,这势必会使他对你产生不好的印象。

此外,新任上司一上任,特别关注如何使自己区别于前任,树立起自己的权威来。一方面,他不愿意看到旧的权威仍然残存于下属的头脑中,影响到自己风格的确立;另一方面他也不愿意有人借古讽今,抵触、消极对待或破坏自己新权威的建立。下属应该明白,当一件事可能会对上司的权威产生直接或间接的影响时,都会使上司绷起敏锐的神经。而当这一件事对上司的影响是负面的时候,他则自然而然地会产生敌视态度,并很可能把这种敌意转化成行动。

第三，多做客观描述，少做主观评论。

谈论前任上司是一个敏感区，但决非是禁区。有些时候，新任上司要想了解单位的客观情况以及前任对某事的办理惯例等等，都要不可避免地触及到前任上司的问题。这时候，回避是没有用的，但要能既圆满地解答了上司的提问，又能不伤其尊严和感情，这就需要一定的谈话技巧和审慎态度了。

对待这种情况，一个非常可行的办法就是：尽量多做客观的描述，少做甚至是不做主观上的评论，以求达到"论事不论人"的效果。

通过这种方法，你要给新任上司留下这样一个印象：对工作有着深入的了解，看待问题比较全面客观，愿意积极地帮助新任上司了解情况打开工作局面，具有忠诚上司的良好品质。其实，这也是"客观描述法"的好处之所在，相信它定会使你给上司留下一个好的印象，即使是运用不熟练，也不至于让上司对你抱有恶感。

事实上，虽然他们不愿说出来，任何一个新任上司都是比较重视前任的经验和做法的。如果某些做法已形成惯例，他就没有必要标新立异，他只要沿用旧习便可高枕无忧了。他也可能对其作些改动，以便更具有自己的风格，但其合理内核仍然是会保留的。从中国自古以来的上司传统来看，上司们都是非常注重前朝的经验的，在许多朝代开国之初，比较英明的上司还喜欢与手下的大臣、谋士共论前朝君主之得失。

所以，通过客观地描述以使新任上司能够有所借鉴，是你对其忠心的最好表现，也有利于避免语出不慎，引起上司的不快。

第四，不要轻易在新、旧上司之间作比较。

在谈论前任上司时，还应注意一个非常敏感的问题，即不要轻易在新、旧上司之间作比较。

俗话说：有比较才有鉴别。比较让上司感到了一种审视的目光，同时也让他担心：我是不是有什么破绽和失误让他瞧出来了？在这种心理的作用下,如果说新任上司没有不快,心里至少也感到不舒服,多了几分猜疑。要知道,上司是最敏感于下属对自己的品头论足的,下属说话稍有不慎,便会触动上司那条紧绷的神经。

另一方面,比较会使新任上司感到一丝隐隐的不安,他可能会认为下属的这种态度是自我权威尚未树立起来的表现。古人云:天无二日,人无二主。权力是最具有绝对性和唯一性的,它排斥第二个权威的存在。很难说下属的话就是句句周详圆润,表达不当就可能引起猜忌。

有些时候,我们也可能不得不面对对新、旧两位上司进行比较的问题。这里,告诉你一个秘诀,那就是:最好使用中性的词语,避免使用感情色彩过于强烈的词语。当然,在语气偏向上,你最好能在不动声色中使新任上司感到你对他的拥护和欣赏。比如说,你可这样说:"我觉得您与老上司的区别可归结为风格上的不同。老上司比较传统,比较持重,所以近几年单位里没出什么大的纰漏,但发展势头也不足。而您呢?是属于风风火火,雷厉风行,敢想敢干的那种上司,我相信一定会使单位的工作出现新起色、新气象……"

14. 观察人际关系,谨防陷入"帮派"

人际关系是一个人一生中不可或缺又十分重要的组成部分。处理得好,它会助人事业成功;处理得不好,则会阻碍人的才能的发挥。而单位内部的人际关系,又与人的事业成功与否关系最密切,因此,在这个问题上初涉工作岗位的新同志对其重要性要有一个足够的认识。

然而,单位内部的人际关系又是最复杂的,各种利益纵横交错,编织成一张细密而敏感的大网,如果不够谨慎很可能就会误入雷区,造成人生战略上的重大失误,使自己在以后各种问题的处理上陷入被动。

机关内部人际关系的处理,往往连那些工作多年,经验丰富的老同志都深感头痛,大有"战战兢兢,如履薄冰"的味道。对于刚参加工作的年轻同志来说,就更应该慎之又慎。

说人际关系难处,是因为机关内部"帮派"林立,都有着各自的思想观点、利益需求和势力范围。这些关系在表面上是很难看出来的,就像是地面上的一棵棵树彼此都有着相应的距离,但在地底下其根茎却在相互纠缠、扭结,为获得养分而相互争斗。因此,当新同志进入到一个新单位时,一定要注意观察单位内部的人际关系状况,以免陷入"帮派"之争。

对新同志来说,陷入"帮派"之争往往是弊大于利,得大于失:

其一,你卷入"帮派"斗争,是盲目和被动的。你并不清楚各派之间的力量对比,你也并不知道自己的利益所在,甚至你并不知道谁是朋友谁是敌人,因此你非常容易被人利用,成为他们间斗争的工具和牺牲品。

因为是被动的,你就有很大的概率会被拉入一个已成为众矢之的、行将瓦解的"帮派",很可能你就会接着成为他们的殉葬品。

因为是被动的,你便不知道什么是自己的利益和怎样实现这种利益,很可能你被卷入的"帮派"之争对你来说是一种最坏的选择。

因为是被动的,你就很可能卷入到诸如正、副职之间的权力之争之类敏感的问题中,处理不当就会引起领导的不满,埋下祸患的根源。

因为是被动的,你就很可能既伤害了这一派的利益,又侵犯了那一派的利益,结果被人利用又被人抛弃,成为没人愿意理睬的"孤家寡人",处境孤立。

其二,卷入"帮派"之争,会使你丧失处理问题的灵活性。当你不幸成为一个"帮派"的一分子时,就必须遵守这一派的做事规则,服从他们的整体安排,而且很有可能必须放弃自己处世的原则,这样,你便丧失了独立作出决定的权力。每当你想要说一句话或做一件事时,你就必须要考虑到本派其他人的看法与考虑。

而当你成为一派的成员时,你就很难脱离它,别人也不会相信你,更可能不会接纳你。而且,因为平时总是在一起工作,日常往来,有着千丝万缕的联系,你也根本无法与之一刀两断。

其三,陷入"帮派"之争,会使你丧失许多人对你的支持。

很明显,敌对派别和那些对派别之争深恶痛绝的同事不会对你有什么好感,也不会支持你的工作。而当你刚踏入一个新单位时,立足未稳,最需要的就是大家的共同支持。如果你的立场是中立的,大家便都愿意向你靠近,试图处好关系,这样,你便可从中获得许多有益的经验,而不必付出遭人诋毁的代价。

由于你是被动地卷入,你就很可能开罪那些拥有权势的人,而这些人对你能否在单位待得住可能是至关重要的,这样,你必会遭受惨痛的损失。

其四,陷入"帮派"之争,会使上司对你产生反感。

上司,站在统领全局的位置上,对"帮派"之争是既利用又痛恨。之所以利用,是因为它可以使上司能够分而治之,从而巩固自己的权威;之所以痛恨,则是因为"帮派"间相互扯皮、相互争斗,影响上司工作实绩的创造,给上司带来很大的麻烦。这种心态下,上司对卷入派性争斗的人自然不会有什么好印象。

刚一参加工作便卷入派性争斗,会使你分散精力,不能集中精力干好工作。这会给上司留下一个不务正业、不安心工作的印象。而第一印象往往会形成首因效应,变成上司对你的一种成见,这对下属今后的工作、学习都是没有什么好处的。

小陈是一个刚参加工作的新同志。小陈为人热情,办事干练,因此很受人喜爱,也获得了不少同志的帮助,其中就有副主任老张。老张对他似乎格外的看重,时不时地询问两三句工作,给予一些指点,然后十分热情地告诉小陈,有什么困难尽管去找他。

过了一段日子,就有人来找小陈,对他说:"组织部要来咱们单位考察干部。咱们这里的老张是重点考察对象,可能马上就要升了。老张对你那么好,你是不是去说几句话,支持一下他?"

本来小陈是可以以不太熟悉情况为由拒绝的,但他又想到老张平时对他的确不错,万一他升了官自己说不准还能沾点儿光呢! 于是,他便答应了下来。

等他对组织部的同志表扬完老张一通后,他发现,有许多人对他报以奇怪的目光,其他几个副主任似乎也对他冷淡了许多,这使他既困惑不解又怏怏不乐。这时,一位即将退休的老同志,不忍看他那难过的样子,便为他点破了其中的秘密。原来,这几个副主任之间平时就为了权力等等而相互争斗,这次组织部考察也不是什么升职考察,只不过是例行的考核而已。老张为了显示自己的群众基础好,而故意利用谙世不深的小陈来拔高自己,从而贬低他的对手。

小陈恍然大悟,但仍是因此而吃了亏。不久,另一位掌握党务的副主任就对小陈的党员转正问题故意刁难一下,令小陈紧张不已。

从此,小陈把这件事铭记在心,在处理人际关系方面,时时观察,处处小心,才避免了类似事情的再次发生,使自己的工作有了一个较为安全的人际环境。

因此,对刚参加工作的新同志来说,最安全地处理人际关系的办法是:实行等距外交。

等距外交,就是不偏不倚、不远不近、不亲不疏、不友不敌,尽量与别人保持一定的距离,不盲目建立超乎工作的友谊,不给人留下厚此薄彼的印象,使自己保持在一种灵活机动的位置上。

等距外交可以使你避免陷入帮派争斗,从而免受其害,为你的工作和人际交往打下一个良好的开端。

等距外交将给你以距离感,随着时间的推移,使你有可能清楚地观察到单位里的人际关系状况,从而制定出正确的人际交往准则。

等距外交还会使你具有灵活性。你可以根据自己的目标要求随时调整自己与他人的交际距离,甚至可以随时改变自己的立场。

虽然我们主张,长期坚持等距外交将对你是十分有利的。但是,我们也认为,在你站稳脚根、熟悉了情况之后,你仍是有权力根据自己的利益需求去选择是否加入某个"帮派团体"的。但这次选择,将是一种主动的、有目的、有意识的选择,在性质、结果上,都与你初入单位时因幼稚而陷入的"帮派"之争有所不同。

谋事的性格：
想到位之后就要去做

1. 学会逆向思维

国外一个成功者曾经说过,我们每个人的一生中的大部分成就其实都受制于形形色色的人,取决于他们的思维个性。他们就是你成功途上的门卫,在放行前必须对你的计划、产品、思想及求职的要求,乃至你的长相和性格说一声"通过"。

逆向思维就是要鼓动那些站在你和目标之间的门卫,他们沿途拦截,每一位都有权决定放不放你走入计划的下一阶段。

记着把这一切都记下来。写出计划是整个过程中重要的一环。你这时所做的就是在画一幅从目的地倒着回到出发点的路线图。

要想让门卫同意通过,必须找出促使他们开门放行的原因。最佳办法是直接去问,征求他们的建议和看法,也可向经常与他们打交道的人咨询。

20世纪60年代中期,当时在福特一个分公司任副总经理的艾科卡正在寻求方法,改善公司业绩。他认定,达到该目的的灵丹妙药在于推出一款设计大胆、能引起大众广泛兴趣的新型小汽车。在确定了最终决定成败的人就是顾客之后,他便开始绘制战略蓝图。下面就是艾科卡如何从顾客着手,反向推回到设计一种新车的步骤:

顾客买车的唯一途径是试车。要让潜在顾客试车,就必须把车放进汽车交易商的展室中。吸引交易商的办法是对新车进行大规模、富有吸引力的商业推广,使交易商本人对新车型热情高涨。说得实际点,他必须在营销活动开始前做好小汽车,送进交易商的展车室。

为达到这一目的,他需要得到公司市场营销和生产部门百分之百的支持。同时,他也意识到生产汽车模型所需的厂商、人力、设备及原材料都得由公司的高级行政人员来决定。艾科卡一个不漏地确定了为达到目标必须征求同意的人员名单后,就将整个过程倒过来,从头向前推进。

几个月后,艾科卡的新型车——野马从流水线上生产出来了,并在20世纪60年代风行一时。它的成功也使艾科卡在福特公司一跃成为整个小汽车和卡车集团的副总裁。

逆向思维的一个基本要素就是分出阶段重点。这样,你不得不将长远目标和近期目标清楚地区分开来,然后再将逆向思维分别应用到每一个目标中去。

举例来说,如果你说的是40岁想成为首席行政总监,这是不够的。这个目标太过遥远,逆向思维不能得以有效地发挥。你必须瞄准所要取得的具体成绩。这些成绩才是助你步入高层的高明战术。

你必须缩小你的范围。你想为自己树立怎样的声誉?想对公司成本做何种改变?在前进道路上,你想拥有哪些特别的工作经验?你想在哪里工作,与哪些人共事?以上这些问题的回答为逆向思维提供了十分具体的目标。

在考虑上述问题的同时,要将长远目标分成一系列明确目标。目标越集中,逆向思维越奏效,为达到目标所需征得同意的人就越少,整个过程花的时间就会更短。

逆向思维的个性表现在:首先要确定或设定一个可以达到的目标,然后从目标倒过来往回想,直至你现在所处的位置,弄清楚一路上要跨越哪些关口或障碍、是谁把守着这些关口。从最终目标出发倒回来进行逆向思维,就能获得前进的路线图。

2. 善于调整自我性格

懦弱者，无法与强手抗衡，这是因为他们身上丧失了刚毅的个性。那么该怎样做呢?

(1)学会利用藐视

获取难得之物的最好方法就是对它们不屑一顾。世间之物，苦苦寻觅不见踪影，而稍后，你不必费力，它们却奔涌而来。你追赶它们，它们就逃走，你逃离它们，它们却追逐你而来。藐视也是一种最机警的报复手段。有这么一句智慧的箴言:永远不要用笔来保卫自己，因为这会给你的敌人以可乘之机并使他出名，而达不到惩罚他们的目的。卑鄙小人常会狡猾地对抗伟人:他们试图间接地由此得到他们根本不配的荣耀。如果杰出人物对他们的对手置之不理的话，那些小人恐怕将永远默默无闻。没有比漠视更好的报复了，把那些人埋葬在他们愚昧的灰烬中。轻妄之徒妄想经由纵火烧掉世界和历史的奇迹以成不朽。平息流言蜚语的方法之一就是置之不理，指责它们只会给自己带来伤害，对它们反唇相讥只会使自己荣誉受毁。你应为别人想与你媲美而感到高兴，尽管他们的言语能使完美蒙上一层阴影，却毕竟难以将完美真正掩盖。

(2)不要过于驯良

应该让毒蛇的狡诈与鸽子的纯真调和一下。没有人比一个善良人更容易愚弄。从来不说谎的人很容易相信他人，从来不骗人的人总是信任别人。被别人愚弄并不总是愚蠢的标志，有时这是好事。有两种人善于预见危险:一种是自己付出代价而吸取教训，另一类更聪明的人通过观察别人而学到许多。你应该能谨慎地预见困难并同样精明地走出困境，不要因心地太好以至于给别人机会来显示其心地太坏。你应该一半是蛇，一半如鸽，这不是魔鬼，而是天才。

所谓敢于"藐视"和"抵抗驯良"是一种刚毅个性的体现，这两点是一个人能够主动决定自我的两大关键点——让你藐视一切、抵抗温顺。有许多人正是在这两点上毫无个性，所以总是低人一等。

3. 逆境而上者胜

人没有战胜困难的个性，就如同要磨刀没有磨刀石一样。这就是说，人没有经受艰难困苦，哪儿有伟大可言？风筝是逆风而上，英雄则要逆境而上。

人人都会遭遇困难险阻，能战胜它则是英雄，不能战胜它则是凡夫。俗话说："不磨不成玉，不苦不成人。"在困难面前，你决不能俯首贴耳，屈服于它，只有凭勇猛奋起的个性把它打得屈服在你的脚下，你自然是胜利者、成功者了。

你如果不能忍受奋斗的困苦，那么在你一生之中，充其量不过是在"人的动物圈"中满足于对他人的顶礼膜拜、鞠躬作揖。这样，何处去寻找你的安逸与快乐、幸福与和平呢？在人生这个大舞台上，不管你所担任的是什么角色，你能不能成功，这就纯粹要看你的表演技能如何了。你越是能坚持，越是能奋斗，你成功的希望就会越大。

孟子说："自暴的人，不必与他交谈。自弃的人，不必与他同事。"对于自暴自弃的自杀心理，我们要谨慎地防范它。我们知道，在古今中外的历史上，所有特殊的伟大人物，都是从艰难困苦中甚至危险中奋斗过来的，如外国的拿破仑、华盛顿、甘地等人，中国古代帝王汉高祖刘邦以前只是一个小小的亭长，明太祖朱元璋曾是一个庙里的小和尚。再从中国上古来看，舜曾是一个庄稼汉，傅说曾是一个建筑工，胶鬲曾是一个鱼、盐的商贩，管仲曾是士人，孙叔敖曾是渔民，百里奚曾是秦穆公用五张羊皮换来的。

这就是说，我们不要把自己的发展力量估计得太渺小，把环境的束缚力量估计得太大。只要我们坚定一种必胜必成、不死不休的精神，勇敢地与外力拼搏，一定能有成就。

困难可以诱发人们生命中坚忍的潜力，危险可以开启生命中勇敢的潜力，这两者都能引发出生命的光芒。而困难越多，危险越大，成功与发出的生命光芒也越大。

战胜困难的个性是需要自我磨砺的。曾国藩曾说："自强之性，可破一切逆境。"说得极为深刻。每位欲想成功者，应当强化自己打败逆境的坚定个性。

4. 用刚柔法管人

刚柔个性的结合在管人手法中极具效果。大家知道，人的身体的构造，有坚硬的部分——手、脚、骨骼等，也有柔软的部分——肌肉、软组织等，只有将二者有机结合，人才能灵活自由地从事多种活动。领导下属时，应该软中有硬，宽严相济，从而达到最佳效果。

南越王赵佗，原本是秦朝派到广东、广西管理南方的地方官，秦朝灭亡之后，他自立为王。汉高祖平定天下以后，不愿再动用刀兵，对他实行了安抚政策，仍任命他管理南方，并给以赏赐。这种怀柔政策使得汉朝的南疆和偏远的地区得以安宁。可是吕后当政时，却将南方视为蛮夷，并制定一些民族歧视和压制政策,最终激起了赵佗等人的反抗。

汉文帝即位以后,重新恢复了汉高祖刘邦推行的安抚政策,除了给赵佗许多的赏赐以外,还给他的亲属加封官职。这一切使赵佗深受感动,自动废除了王号,并上书请罚,发誓永远向汉朝称臣。

从这个例子中,我们可以看到,在管理下属的过程中,光有软的或硬的似乎都不妥,最高明的则是软中有硬。我们可以把领导者的发威视为"硬话",而把领导者的"施恩"视为"软话"。软硬齐施,双管齐下,因人因事而采取相应的措施。

领导者用"硬话"发威以后,给下属一段时间检讨自己的行为,反思自己的过失,然后领导者可以有计划地逐步做收服人心的工作。可以把自己认为有影响的下属先找来,进行深入地长谈,用词也不妨恳切些,态度要真诚自然,让他感觉到你确实是器重他。这就可以在一种"软"性气氛中真正感动下属。

领导者只需通过这些中间人的传播作用稳定大局,而不需直接出面。由有影响的下属把领导者的意思传达给其他下属,每个下属都会反应过来:"原来上司也不是冷酷无情的。"他们也许会想到,只要好好干,上司还是会欣赏的,升职加薪的机会就一定还会有。

可见,领导者的"硬话"发威是强硬的一手,镇住了局面,再通过"软话"把意图缓缓地传递下来,浸润到各个下属的心中。

善于发威的领导者应该深知,"威"虽然是对众人而发,但对个别人而言,应该有不同的做法。"软"和"硬"是相对而言的,不可千篇一律。

这里要注意"过犹不及",有的人用高压的办法是根本无法解决的。好胜心特别强的下属对此极为敏感,这时就需要"软话"那一套。他们一旦感受到领导的恩惠,就会以"士为知己者死"的态度来回报你。这种情况也是在发威,只不过这里是施威于无形之中罢了。

有威慑力的领导者通常决断力强,办事爽快果断,常常是一字千金,以此可以使下属折服,部下也会因为佩服他而自觉地向他靠拢,全心全意地接受他的领导。

刚柔相济的个性至少有两大好处:一以刚制胜,二以柔克刚。善管人者常用此个性收到良好的效果。

5. 敢于打破常规的性格

每一个人做事,不仅要选择那些适合自己的事业,而且需要独具慧眼,敢于打破常规,敢于冲破世俗观念,选择更适合自己,更有利于发展自己的长处,更有益于使自己走向成功的事业。

麦克与迪克两兄弟是快餐业的始作俑者。可以这样说,是麦氏兄弟家族开创了这么一个事业,而克罗克使它发扬光大。

麦氏兄弟的父亲是位制鞋工人。当兄弟俩高中毕业的时候,正赶上美国经济大萧条。当时不少小型企业都面临倒闭的困境,自然,他父亲所在的工厂也难逃厄运。兄弟俩毕业后不能继承父业,只好离家外出寻找新的就业机会。

后来他们选择了经营汽车餐厅。当时,美国的餐饮业都是一家一户小本经营的。特点是家庭传统经营,一代一代往下传,很少有什么突破。麦氏家族上一代人中没有人经营过餐馆,没有相关的经验背景。或许正因为如此,他们脑子里没有什么框框。这也就是为什么他们可以在传统的餐饮服务业中,敢于打破常规进行开创性革命的原因之一。

1937 年,在美国洛杉矶东部巴沙地那,一间小小的汽车餐厅开张了。这是一间小得不能再小的餐厅了。兄弟俩自己煎着热狗,调着牛奶,准备了十几把带有伞顶的椅子,还雇了三个年轻人,让他们到停车场招揽客人。

当时美国汽车已经比较普及,开车路过的人,到汽车餐馆买个热狗再要点饮料,急匆匆地吃一点儿就忙着赶路。汽车工业的发展也带动了相关的如快餐业的生存和发展。麦氏兄弟俩的餐馆看来生意还不错。1940年他们又开了一间更大的汽车餐馆。

这是一间与当地汽车餐馆在经营特色上有一些不同的餐馆。建筑形状呈八角形,前脸儿是一个落地的大窗,目的是将它的厨房暴露出来。餐馆里没有桌子,只有几只凳子。这座造型十分奇特的建筑和开放式的厨房引起了人们的好奇。在开张后的几年,这里成了当地人,特别是年轻人最爱去的地方。

正是这间餐厅,使兄弟俩成为当地新贵。他们俩每人年平均收入5万美元,这足可以使他们进入当地的上流社会了。

不久,城里同样的汽车餐馆逐渐多起来了,而且,雇用服务员也很不容易。由于餐馆多,相互竞争很厉害,那些服务员自认为奇货可居,要的报酬很高,而且很不听使唤。如果不是麦氏兄弟在汽车餐饮业里积累了一些经验,或许也是因为对餐饮业还很有一点感情,他们早就打退堂鼓了。

兄弟俩发现,汽车餐厅在经营上有一个误区:那就是让人一听到汽车餐厅就会想到这是一种出售廉价食品的地方。另外,食品成本和劳动力成本都不断地上涨,生意实际上很难做下去。

这时候,他们哥俩想进行一项别的经营者想都不敢想的改革。

他们通过对几年来经营收入的分析研究,发现有60%的收入来自汉堡包,而不是排骨。尽管他们在排骨上做的广告比汉堡包多得多。

于是,他们把汉堡包制作改为现场制作,并将肉馅一类的熟食加入到汉堡包中。

就是这么一个谁都没想到的改革,推动了世界快餐业的一场巨大的革命!

敢于打破常规的个性是一个人身上突破各种条条框框、找到创新之路的基点。许多人正是因为不具备这种个性,所以永远都是抱着佛脚!

6. 敢于拍板的性格

凡是成大事者,都会碰到千钧一发的关键时刻,在这个时候,不能退缩,不能无主见,而要有敢于拍板的个性,表现出非凡的盘算和决策能力。

一个人的分析、判断能力的高低,直接决定他的能力素质。而在当今社会,面对瞬息万变的信息,捉摸不定的局势,对一个人在分析、判断能力上应该有更高的要求。

客观情况,往往是纷繁复杂的,有一些情况是不可能让人事先做出百分之百正确判断的。现实生活中,一个人常常遇到的是一些不确定型、风险型的盘算,这就要求你有敢想敢干、敢冒风险的精神,不能追求四平八稳,因循守旧。

另外,要有当机立断的拍板魄力。"当断不断,反受其乱"。盘算是不能一拖再拖的,它需要在有效的时间地点内完成。否则,正确的盘算一旦过了时间就会成为错误的方案。

美国第三十四任总统、世界反法西斯战争的杰出统帅、五星上将艾森豪威尔 1944 年 6 月 6 日在诺曼底登陆战前夜,表现出了非凡的当机立断的盘算魄力,使诺曼底登陆战役取得了辉煌胜利,从而扭转了整个战局,沉重地打击了法西斯势力。登陆前夕,天气情况恶劣,一直下着大雨,气象学家也不能完全有把握说 6 月 6 日就能转晴。如果天气不转晴,那么空降兵将无法着陆,将会使整个登陆计划失败,使 50 多万士兵面临牺牲的危险,在众多的将军都表示迟疑不决的时候,艾森豪威尔当机立断,决定6月6日实行登陆,并赢得了胜利。

当机立断的盘算魄力是领导必备的能力。一个人善于当机立断,敏捷地思维,才能在复杂多变的情况下,应付自如。艾森豪威尔就是在紧急关头善于当机立断,取得成功的典范。现代社会是信息社会,信息瞬息万变,机会稍纵即逝,尤其是在实行市场经济的今天,市场形势变化多端,就更需要现代领导善于抓住机遇,当机立断,取得成功。但是当机立断不等于盲目冲动地喊打喊杀。正确的分析、判断才是当机"拍板"的首要条件。

立即"拍板"是一个敢于决断个性的反映。世上之事,往往败于优柔寡断,因此,为了避免这一点,你应当在看准的前提下,敢于拍板。

7. 当机立断的性格

做人必须要有这样一种个性:当机立断,临难不慌,以此来解决眼前难题。

机勇者,临危不惧,临难不惊,机勇沉着,镇定自如,诸葛亮的"空城计",即显示出战略家的胆略和个性。

三国时期,吴蜀两国经常联兵攻打魏国。这便是诸葛亮的"联吴抗曹"政策。公元208年,曹操占领荆州后,统率水、陆两军数十万,挥师南下,企图一举消灭东吴。东吴与刘备联军,共同抗击曹操。周瑜和鲁肃审时度势,指出曹操冒险用兵有四患,并亲率吴军与刘备联军大破曹操于赤壁(今湖北蒲圻西北),这就是历史上著名的赤壁大战。大战胜利后,诸葛亮便乘机占领了荆、益两州,协助刘备建立蜀汉政权,形成了魏、蜀、吴

141

三国鼎立的局面,他自己也官拜丞相。公元 223 年,刘备死后,他便辅佐刘禅,主持军国大事。

马谡是蜀国的将领,得诸葛亮器重,迁任为参军。公元 229 年,诸葛亮兴兵攻魏,命令马谡督诸军为前锋,与魏将张郃大战于街亭(今甘肃庄浪东南)。马谡违背了诸葛亮的布署,指挥失宜,最后为张郃所败。诸葛亮的兴兵计划遭到破坏,被迫退兵汉中,将马谡下狱,死于狱中。历史故事"孔明挥泪斩马谡"讲的就是这个历史事实。

马谡失街亭,诸葛亮很恼火。但魏兵在大将军司马懿的率领下,却穷追不舍。诸葛亮毕竟是少有的政治家、军事家,他一方面将马谡抓捕入狱,以振军威,以严军纪,同时他又冷静地思考对策。他想,以自己的兵力直接迎战司马懿,毫无胜利的希望,如果仓惶逃跑,司马懿肯定继续追杀,可能要当俘虏。在此千钧一发之际,左思右想,诸葛亮迅速做出军事布署:急唤关兴、张苞,吩咐他俩各引精兵三千,急投武功山,并鼓噪呐喊,虚张声势。命令张翼引兵修剑阁,以备退路,命令马岱、姜维断后,伏于山谷之间,以防不测。并命令将所有旌旗隐匿起来,诸军各守城铺。命令将城门大开,不要关闭,每一城门用 20 军士,脱去军装,打扮成一般的平民百姓,手持工具,洒扫街道。其他行人进进出出,没有一点紧张的表现。吩咐完毕,诸葛亮自己身被鹤氅,头戴华阳巾,手拿鹅毛扇,引二小童携琴一张,来到城楼上凭栏而坐,然后命人焚香操琴,显得若无其事,安然自得。司马懿前锋部队追到城下,却不见城内一点动静,只见诸葛亮在城楼上弹琴赏景,感到莫名其妙,"丈二和尚摸不着头脑",不知诸葛亮葫芦里卖的什么药,不敢贸然前进,便暂停下来,急速报与司马懿。大将军司马懿以为这是谎报,便命令三军原地休息,自己则骑马飞驰而来,要看个究竟。果然,诸葛亮坐于城楼之上,笑容可掬,焚香操琴,悠闲自在,根本没有什么恐惧和惊慌的表情。

一个人具备当机立断的个性,才能谋大事、成大事,否则犹豫不决就会一事无成。有些人总是前怕狼后怕虎，最后耽误的还是自己。

8. 趁热打铁的性格

趁热打铁的个性常指：一个人能够大胆地抓住时机，充分展示自我，一举成名。

苏珊·海沃德长得漂亮、苗条、性感，她的青年时代，正是好莱坞的主要制片公司发展的全盛时期。她像其他闪亮的童星一样，怀着成为好莱坞电影名星的梦想，当上了合同演员。她进入好莱坞的最初几个月中，面对的不是摄像机而是照相机。她穿着泳装，日复一日地摆出千姿百态，为广告照作模特儿。她那充满魅力的微笑，随着报纸杂志的广告传遍五洲四海。读者们，也是电影的影迷们，对她已经具有一种倾倒和渴望的感情。

然而苏珊一直得不到当演员的机会，当她询问老板时，得到的回答总是："耐心地等一等，总有一天会推荐你的。"

有一次，机会突然来了。1938年，派拉蒙公司在洛杉矶举行全国性的影片销售会。苏珊接到旅馆舞厅的通知。舞厅里来了很多电影院的老板和来自各州的商人。影星们进入舞厅之前，派拉蒙公司对自己的影片已进行过大肆宣传。

影星们一个接一个与观众见面。苏珊出场时，会场上发出了一片欢呼。她此前还没意识到这是一次机会。她面对观众，像对老朋友们一样微笑着说："我知道你们都认识我，你们中有谁见过我的照片？"

台下立即有许许多多的人举起了手。

"有人看过我在电影里的形象吗？"没有人举手，只有笑声。

苏珊趁热打铁,发问道:"你们愿意看我在电影中的形象吗?"

会场上响起了雷鸣般的掌声,代替了回答。

苏珊这一计即兴拈来,大获全胜,于是她说:"那么,诸位愿意捎个话给制片公司吗?"

这是一次民意测验,那么多观众的代表想看苏珊在电影中的形象,制片公司的老板得到这一民意测验的结果,完全可以判断,如果请苏珊出演影片,此片一定走俏。于是苏珊不久之后便受聘出演,上了银幕,并且成了大明星。她在《我想生存》一片扮演的角色使她荣获了奥斯卡金奖。

难道你不承认苏珊·海沃德是趁热打铁,一举成名的高手吗?

只有善于抓住机遇的人,才能在最佳时刻表现出自己与别人不同的个性和能力,才能赢定人生胜局。

9. 善于利用机会的性格

1981 年,英国王子查尔斯和黛安娜要在伦敦举行耗资 10 亿英镑、轰动全世界的婚礼。

消息传开,伦敦城内及英国各地很多工商企业都绞尽脑汁想利用这一千载难逢的发财机遇。有的把糖盒上印上王子和王妃的照片,有的把各式服装染印上王子和王妃结婚时的图案。但在诸多的经营者中,谁也没赚过一家经营"望远镜"的商号。

这位老板想,人们最需要的东西就是最赚钱的东西,一定要找出在那一天人们最需要的东西。

盛典之时,要有百万以上的人观看,将有一多半人由于距离远,而无法一睹王妃尊容和典礼盛况。这些人那时最需要的不是购买一枚纪念章、买一盒印有王子和王妃照片的糖,而是一副能使他们看清人和景物的望远镜。于是他突击生产了几十万副马粪纸和放大镜片制成的简易望远镜。

那一天,正当成千上万的人由于距离太远看不清王妃的丽容和典礼盛况而急得抓耳挠腮之际,千百个卖童突然出现在人群中,高声喊道:"卖望远镜了,一英镑一个! 请用一英镑看婚礼盛典!"顷刻间,几十万副望远镜被抢购一空。不用说,这位老板发了笔大财!

机遇对任何人都是平等、公正的。就看谁抓得准、用得好。其实,在这个事例中,众多的英国工商企业也不是没抓准机遇,只是不如生产简易望远镜的那位老板机遇抓得准罢了。说到底还是那位老板比别人研究得更细一层,他看准了那一天人们最大的需求、最需要的东西——望远镜。

所以,卡耐基认为,一个企业家关键时刻一定要抓住机遇,更深一层地研究、利用机遇。同一机遇,谁都可以利用。

但利用得最好的,毕竟只是少数。想胜人一筹,就须在认识分析上高人一筹。其实,不过是对公众需求和心理分析研究得更细一点,更深入一点,把握得更准一点,而且常需要对特定情境周围的分析研究联系起来。

明确目标会使你对机会抱着高度的警觉性,并促使你抓住这些机会。

柏克是一位移民到美国以写作为生的作家,他在美国创立了一家以写作短篇传记为主的公司,并雇有6人。

有一天晚上,他在歌剧院发现,节目表印制得非常差,也太大,使用起来非常不方便,而且一点吸引力也没有。当时他就兴起想印制面积较小、使用方便、美观,而且文字更吸引人的节目表的念头。

于是第二天,他准备了一份自行设计的节目表样张,给剧院经理过目,说他不但愿意提供品质较佳的节目表,还愿意免费,以便取得独家印制权。而节目表中的广告收入,足以弥补这些成本,并且能使他获利。

剧院经理同意使用他的新节目表,他们很快和城内所有的歌剧院都签了约,这门生意日后欣欣向荣,最后他们扩大营业项目,并且创办了好几份杂志,而柏克也在此时成为《妇女家庭杂志》的主编。

一个具有善于利用机会个性的人认为:如果你能像发现别人的缺点一样,快速地发现机会的话,那你就能很快成功。经常对自己讲:"机会来了,抓住它。"慢慢地,就会成为一种习惯,从而真的抓住它。

10. 靠冒险的性格去完成

任何事情的圆满结局是等不来的,必须要靠冒险的个性去完成。

吉姆·伯克晋升为约翰森公司新产品部主任后的第一件事,就是要开发研制一种儿童所使用的胸部按摩器。然而,这种产品的试制失败了,伯克心想这下可要被老板炒鱿鱼了。

伯克被召去见公司的总裁,然而,他受到了意想不到的接待。"你就是那位让我的公司赔了大钱的人吗?"罗伯特·伍德·约翰森问道,"好,我倒要向你表示祝贺。你能犯错误,说明你勇于冒险。而如果你缺乏这种精神,我们的公司就不会有发展了。"数年之后,伯克本人成了约翰森公司的总经理,他仍牢记着前总裁的这句话。

勇于冒险求胜,你就能比你想象的做得更多更好。在勇冒风险的过程中,你就能使自己的平淡生活变成激动人心的探险经历,这种经历会不断地向你提出挑战,不断地奖赏你,也会不断地使你恢复活力。

惧怕行动,不冒风险,求稳怕乱,平平稳稳地过一辈子,虽然可靠,虽然平静,虽然可以保住一个"比上不足比下有余"的人生,但那真正是一个悲哀而无聊的人生,一个懦夫的人生。其最为痛惜之处在于,你自己葬送了自己的潜能。你本来可以摘取成功之果,分享成功的最大喜悦,可是你却甘愿把它放弃了。与其造成这样的悔恨和遗憾，不如去勇敢地闯荡和探索。与其平庸地过一生，不如做一个敢于行动、敢于冒险的英雄。

工业和体育运动方面的先驱詹姆森·哈代总是喜欢去冒险，尽管朋友们和同事们经常告诫他"不要犯傻"。他不仅敢于冒挑战体能的风险，而且敢于冒考验信念的风险。

他在教学领域所创造的纪录给世人留下了深刻的印象，因为他是一个天才，很多从事汽车销售和服务的人都从他的训练方式中受益匪浅。

哈代是爱迪生的一位朋友，在爱迪生发明了电影以后，哈代从电影胶片的片盘中得到了启发，他产生了一个新的念头，那就是让胶片上的画面一次只向前移动一幅，以便让教师能够有充足的时间详细阐述画面所反映的内容。

后来，哈代又成功地实现了让画面与声音同步进行的目标，从而创造了真正的视听训练法。

那么，哈代是不是必须要去冒险呢？他本可以继承父亲在芝加哥的报业，本可以拥有一份稳定而保险的记者工作，但他没有。有人认为他很愚蠢，因为他放弃了有把握的东西。当人们被无声电影的神奇所吸引时，当朋友们告诉他，人们不愿意再坐下来看那些一次只能移动一幅图画的放映时，他并没有惧怕失败，而是回答说："我仍然要去冒这个险。"

今天，哈代已经被公认为"视听训练法之父"。正是敢于去冒那种考验信念的风险，他才发明了很多有效的训练方法，从而使很多来自企业、公益组织、社会团体或军队的人士得到了好处。

除此以外，哈代在另一领域的冒险精神也值得赞赏。在他的一生中，曾经两度入选美国奥运会游泳队（时隔 20 年之久），曾经连续三届获得"密西西比河 10 英里马拉松赛"的冠军。他几乎每天都要游泳，或是在陆上的湖泊，或是在大海，取胜的信念已经融入了他的血脉，他对提高速度简直着了迷。

哈代决心在游泳方面做出改革，但是当他把想法告诉游泳冠军约翰·魏斯姆勒时，却遭到了嘲笑。后者认为在水里冒险实在是太危险，何况澳式爬泳早已确立、定型，不需要做任何改动。另一位游泳冠军杜克·卡汉拉莫库也告诫他不要去冒险，否则可能被淹死。但哈代却对他的游泳同行说："我就要冒这个险去试一试。"

　　哈代再次鼓起勇气，决心去冒考验他信念的风险。他把长期以来一直固定不变的爬泳姿势在方法上做了大胆的改动，使之更加自由和灵活：游泳时头朝下，吸气时把脸转向一侧，当脸回到水下时再呼气。这样，划水一周所需的时间缩短了，游泳速度也提高了，而哈代也并没有被淹死。他挑战传统爬泳的标准姿势，从而发明了新的自由泳。今天，我们在世界的每一个游泳池都能看到它的存在。哈代又被誉为"现代游泳之父"。

　　世界上没有一件可以完全确定或保证的事。成功的人与失败的人，他们的区别并不在于能力或意见的好坏，而是在于相信判断、适当冒险的个性与采取行动的勇气。

交往的性格：
和朋友抱团之道

1. 朋友一生一起走

要找一份好工作,建立网络关系乃是最有效的方法。这包括把你本人的志愿透露给亲戚、朋友知道,跟以往的同事、上司、教师及其他公司的人员等保持良好关系。

当有人向你求助的时候,千万不要左推右搪,要尽己所能帮助对方。你帮助别人,他欠你一个人情,日后你求他,他才会反过来帮助你。有一点需特别注意,对所有人都不应采取"无事不登三宝殿"的态度,平日注意与人保持联络——哪怕是一个电话也好,让别人知道,他们在你心目中占一席位。如果到有事才找人,未免显得太过功利主义,徒然惹人反感。但如果你一旦失业,不要立刻打电话给与你有关系的人士,请他们介绍工作给你,因为短时间,也许未必有职位空缺,这使别人很难做。

你可以婉转地向那些素来跟你有联系的人提及你目前的状况,询问一下他们找工作的意见,或者问他们是否愿意为你充当介绍人。

你这样做,无形中已告诉了他们你目前随时可以应聘,但同时,却没有向别人施加太大压力。

除了跟别人进行直接接触外,你还可以通过一些间接方法,让同事知道你的存在。例如替某些专业杂志撰稿,令行内人知道你的实力,到有需要时,他们可能会首先想起你。

懂得搞好网络关系的人会不断发挥,并逐步建立新的网络,扩大本身的影响力。到自己有条件开创事业时,跟你有关系的人士,往往成为你首批顾客。还有一点要留意,在建立网络关系时,不要只与"大腕"打交道,不妨也跟行业内的中下阶层人员保持联系,因为你永难估计他们什么时候可以帮助你。

换工作并不是一件很难为情的事情，无须故作神秘，如果你希望有更多选择工作的机会，你需要多听取朋友的意见，把自己的意愿明明白白地说出来，让大家替你留意一下，须知道向人求助是一件很平常的事，不必担心人家会看不起你。

2. 多个朋友多条路

中国人，都是非常注重老乡之间的感情，"老乡见老乡，两眼泪汪汪"，这"泪""汪汪"直流，深刻道出了彼此内心的那种感受，似乎相互之间已不只是同住一个地方那么简单，而且与别人相比，有一种亲情混杂在情感之中。同吃过一个地方的饭，同喝过一个地方的水，这种说不清、道不出的感情很特别，它促使着老乡关系的稳定发展。

中国自古以来，有这样一个传统，那就是同姓或联姻的家庭同住在一处，比如什么林家村、李家村，说的就是同一村中大家既是邻居，又是亲戚，对外则又都是老乡，彼此血缘承自一脉，大家都是一家人。

随着历史的发展，人类交通开始便利起来，人类的不断迁移也促使了交通工具的进步。因此，人们越来越不安分于那种传统的封建大家庭中，他们需要与不同姓或不同乡的人进行交流，迫切想到外面去走一走、看一看，就连儒家的传统也提倡读书人多出外走走："读万卷书，行万里路。"就这样，人不断地出去，就在异乡停留下来，定居繁衍，时间久了，同在异乡的人便根据地域自然形成一种关系，那就是老乡关系，但这种关系，深挖起来，其中还有一层也许近、也许远的血缘关系。

既然是有血缘关系的老乡，那就是一家人了，不但亲上加亲，而且都认同一个祖宗，有事求你帮忙自然是分内事儿。因此，在处理老乡关系上，不要只限于地域上的相同或相近，更要懂得在这一层基础上深挖一层，说不定找到了彼此之间的裙带，那这关系不就更容易搞了吗？

3. 朋友无价

拥有真诚友谊的人，比百万富翁或亿万富翁更富有——金钱不能改变这一事实。这也许听起来有点像老生常谈，却是一个不容怀疑的真理。你可以失去金钱，当然也可以失去好朋友，只要你有交友的能力，你随时都可结交新朋友。

有些人平时不善于真心结交朋友，往往在需要朋友相助的时候，一筹莫展，非常后悔没有几个知己。在成功学中，"朋友价值"是非常重要的一个术语，它强调"以朋友为人生最大的财富"。对成功者而言，朋友和友谊是成功者的依靠。

大约四个世纪以前，英国大学者培根曾评论友谊："友谊能使欢乐加倍，把悲伤减少一半。"

几百年以后，英国诗人柯立芝写道："友谊是一棵遮荫树。"

在今天，友谊仍然具有相同的重要性——也许更重要，因为今天的生活压力太大了，我们更需要友谊的滋润。这里所说的并不是那种"酒肉朋友"，而是忠诚、患难与共、相互扶持的友谊，这是人类关系中最佳的一种。

美国著名演员及幽默家罗吉斯曾经说过："我从未遇见我不喜欢的人。"

这种充满感情、充满真诚的说法，出自一位以纯真、和善而赢得全美国人民爱戴的人的口中，着实令人深受感动。下面就来告诉你结交朋友、获得友谊的规则和方法。

（1）结交朋友的方法

结交朋友是一门艺术，它需要良好的交友方法。下面几种方法可能会对你有所启迪。

①对他人感兴趣。已故维也纳著名心理学家亚佛·亚德勒，写过一本叫作《人生对你的意义》的书。在那本书中，他说："不对别人感兴趣的人，别人也不会对他感兴趣。所有人类的失败，都出自于这种人。"

你也许读过几十本有关心理学的书籍，还没见到一句对你来说更有意义的话，亚德勒这句话意义太深远了。

有这样一个例子，说的是著名魔术大师豪华·哲斯顿最后一次在百老汇上台的时候，《创富学》作者希尔花了一个晚上待在他的化妆室里。为什么呢？因为哲斯顿，这位被公认为魔术师中的魔术师，前后 40 年，曾到世界各地一再地创造幻象，迷惑观众，使大家吃惊得喘不过气来。共有6000 万人买票去看过他的表演，而他赚了几乎 200 万美元的利润。

希尔请哲斯顿先生告诉他成功的秘诀。哲斯顿说他的成功与学校教育没有什么关系，因为他很小的时候就离家出走，成为一名流浪者，搭货车，睡谷堆，沿门求乞，他是靠坐在车中向外看着铁道沿线上的标识而认识了字。

他的魔术知识是否特别优越？他告诉希尔，关于魔术手法的书已经有好几百本，而且有几十个人跟他懂得一样多。但他有两样东西，其他人则没有。第一，他能在舞台上把他的个性显现出来。他是一个表演大师，了解人类的天性。他的所作所为，每一个手势，每一个语气，每一个眉毛上扬的动作，都在事先很仔细地预习过，而他的动作也配合得分毫不差。第二，哲斯顿对别人真诚地感兴趣。他告诉希尔，许多魔术师会看着观众，对自己说："坐在底下的那些人是一群傻子，一群笨蛋，我可以把他们骗得团团转。"但哲斯顿的方式完全不同。他每次一走上台，就对自己说：

"我很感激，因为这些人来看我表演，他们使我能够过一种很美好的生活。我要把他们当作朋友，并把我最高明的手法，表演给他们看看。"

他宣称，他没有一次在走上台时，不是一再地对自己说："我爱我的观众，我爱我的观众。"希尔听完后总结说，哲斯顿的成功秘方是如此简单，那就是对他人感兴趣，这就是一位有史以来最著名的魔术师所采用的秘方。

对别人显示你的兴趣，不但可以让你交到许多朋友，更可以为你的生意增加客户的信任感。在纽约，一家北美国家银行出版的刊物中，曾登出一位存户梅得兰·罗丝黛的信。

"我真希望您知道我是多么欣赏您的行员。每一个人都是如此的有礼、热心。在排了长时间的队之后，有位行员亲切地跟我打招呼，真是令人感到愉快。"

"去年我母亲住了5个月的院。我经常碰到一位行员玛依·派翠西萝，她很关心我母亲，还问了她的近况。"

罗丝黛是否会继续和这家银行往来，实在是不用怀疑了。

查尔斯·华特尔，是纽约市一家大银行的职员，奉命写一篇有关某一公司的机密报告。他知道某一个人拥有他非常需要的资料。于是，华特尔先生去见那个人，他是一家大工业公司的董事长。当华特尔先生被迎进董事长的办公室时，一个年轻的妇人从门边探头出来，告诉董事长，她今天没有什么邮票可给他。"我在为我那12岁的儿子搜集邮票。"董事长对华特尔解释说。

华特尔先生说明他的来意，开始提出问题。董事长的说法含糊、概括、模棱两可。他不想把心里的话说出来，无论怎样好言相劝都没有效果。这次见面的时间很短，没有实际效果。

"坦白说，我当时不知道怎么办，"华特尔先生说，他把这件事提出来，"接着，我想起他的秘书对他说的话——邮票，12岁的儿子……我也想起我们银行的国外部门搜集邮票的事——从来自世界各地的信件上取下来的邮票。"

"第二天早上,我再去找他,传话进去,我有一些邮票要送给他的孩子。我是否很热诚地被带进去了呢?是的。他满脸带着笑意,客气得很。'我的乔治将会喜欢这些,'他不停地说,一面抚弄着那些邮票,'瞧这张!这是一张无价之宝。'"

"我们花了一个小时谈论邮票,瞧瞧他儿子的照片,然后他又花了一个多小时,把我所想要知道的资料全都告诉我——我甚至都没提议他那么做,他把他所知道的,全都告诉了我,然后叫他的下属进来,问他们一些问题。他还打电话给他的一些同行,把一些事实、数字、报告和信件,全部告诉我。以一位新闻记者的话语来说,我大有所获。"

②对别人表现出真诚的关切。要表示你的关切,这跟其他人际关系一样,必须是诚挚的。这不仅使得付出关切的人有些成果,接收这种关切的人也是一样。它是条双向道,当事人双方都会受益。

有一位名叫马汀·金斯柏的人曾提到,一位护士给他的关切深深地影响了他的一生:

"那天是感恩节,我只有10岁,正因社会福利制度而住在一家市立医院,预定明天就要动一次大整形手术。我知道以后几个月都是一些限制和痛苦了。我父亲已去世,我和我妈住在一个小公寓里,靠社会福利金维生。那天我妈刚好不能来看我。"

"那天,我完全被寂寞、失望、恐惧的感觉所压倒。我知道妈妈正在家里为我担心,而且是孤零零的一个人,没人陪她吃饭,我们甚至没钱吃一顿感恩节晚餐。"

"眼泪在我的眼眶里打转,我把头埋进了枕头下面,暗自哭泣,但全身都因痛苦而颤抖着。"

"一位年轻的实习护士听到我的哭声,就过来看看。她把枕头从我头上拿开,拭去了我的眼泪。她跟我说她非常的寂寞,因为她必须在这天工作而无法跟家人在一起。她又问我愿不愿和她一同共进晚餐。她拿了两盘东西进来:有火鸡片、马铃薯、草莓酱和冰淇淋甜点。她跟我聊天并试着消除我的恐惧。虽然她本应4点就下班的,可她一直陪我到将近11点才走。她一直跟我玩,聊天,等到我睡了才离开。"

"10岁以前,我过了许多的感恩节,但这个感恩节永远不会消失,我还记得那沮丧、恐惧、孤寂的感觉,突然一个陌生人的温情使那些感觉消失了。"

马汀·金斯柏的话语告诉我们,如果你要别人喜欢你,或是培养真正的友情,还是既要帮助别人又要帮助自己,就把这条原则记在心里:对别人表现出真诚的关切。

这是结交朋友的真谛!

(2)结交朋友的五项规则

朋友是自己的一笔财富,会对我们未来的生活产生奇妙的影响,因此,我们在结交朋友时,应当遵循以下五项规则,这样你就不愁没有朋友。

①做你自己的朋友。如果你无法成为自己的朋友,那你不可能成为别人的朋友。如果你看不起自己,也将无法尊敬别人,而且将对别人充满妒嫉。其他人也将察觉到你的友谊并不纯净,因此将不会回报你的友谊。他们可能会同情你的遭遇,但怜悯并不是友谊坚强的基础。

②主动接近别人。当你与某个相识的人在一起时,如果你觉得自己有意谈话,你不妨尽量表达你的意思,只要不失态,大可放言高论。如果你说了一个笑话,不要认为自己傻;如果你感到紧张,并希望别人能够喜欢你,也不要觉得自己不够稳重。努力去找寻具有积极个性与美德的人,把他们找出来,不要吹毛求疵,要消除这种想法,因为它们是友谊的敌人。

③把你想象成别人。这种想象将会帮助你。如果你能以对方的立场来想象对方的心情,并且尽量客观,那么你将可以感受到他的需求,并且

尽可能在你的能力范围以及你们的关系程度之内,满足这些需求,你也能够更深入了解他的反应。如果他在某些方面很敏感,你可以避免令他感到难堪或不安。当你觉得有意表现自己的宽大时,你可以建立起他自己的自我形象。如果他是个值得交往的朋友,他将会对你的仁慈十分感激,而且也将回报你——以他自己的方法回报你。

④接受他人的独特个性。人人都有其特点,尤其坦诚相处时,更能表现出这种特点。不要试图去改变这个事实。别人是别人,不是你;接受他的本来面目,他也会尊重你的本来面目。想要强迫别人接受你自己先入为主的观念,这是十分严重的错误。如果你采取这种霸道的做法,你将会得到一位敌人,而不是一位朋友。

⑤尽力满足他人的需求。这是一个激烈竞争的世界,人们往往只想到自己的需要——而不会想到别人。尽力摆脱这种情况,并且多多替别人设想,那么你将成为一个受人珍重的朋友。许多人喜欢向别人"训话",他们发表"演说",别人只能洗耳恭听。千万不可如此对待朋友,你要和他"交谈"。

这是一些如何交朋友的最聪明的忠告,如果你能有效地应用这几项原则,你将获得令你感到震惊的丰富的友谊。

4. 帮不了朋友怎么办

一些比较不错的朋友托我们办事时,我们为了保全自己的面子,或为了给对方一个台阶,往往对对方提出的一些要求,不加分析地加以接受。但不少事情并不是你想办就能办到的,有时受各种条件、能力的限制,一些事是很可能完不成的。因此,当朋友提出托你办事的要求时,你首先得考虑，这事你是否有能力办成，如果办不成，你就得老老实实地说，我不行。随便夸下海口或碍于情面都是于事无补的。

当然，拒绝别人的要求也的确是件不容易的事。日本一所"说话技巧大学"的一位教授说："央求人固然是一件难事，而当别人央求你，你又不得不拒绝的时候，亦是叫人头痛万分的。因为，每一个人都有自尊心，希望得到别人的重视，同时我们也不希望别人不愉快，因此，也就难以说出拒绝之话了。"

的确，在承诺与拒绝两者之间，承诺容易而拒绝困难，这是谁都有过的经验。

有人来请托你一件事，这人必然有计划而来，最低限度，他已准备好怎样说。你这方面，却一点儿准备都没有，所以，他可是稳占上风的。

他请托的事，可为或不可为，或者是介乎两者之间，你的答复是怎样呢？许多人都会采取拖的手法，"让我想想看，好吗？"这话常常会被运用。

但有些时候，许多人会做一种不自觉的承诺，所谓"不自觉的承诺"，就是"自己本来并未答允，但在别人看来，你已有了承诺"。这种现象，是由于每一个人都有怕"难为情"的心理，拒绝属于难为情之类，能够避免就更好。

但要记住，现在大多数人都喜欢"言出必行"的人，却很少有人会用宽宏的尺度去谅解你不能履行某一件事的原因。我们常常听见某甲埋怨某乙，说："某乙分明应允了我……但……"事实上，某乙可能答应过某甲，但那不过是某乙怕难为情不好意思拒绝而已，过后他仔细一想，便觉得这事儿根本不可能办成，甚至某甲自己也知道这事儿实在是强人所难的。但是某甲真的会自责而不责人吗？恐怕不会的，而在旁人看来，也总是觉得某乙不对，因为到了那个田地，已经没人注意当初的一切了。

拿破仑说："我从不轻易承诺，因为承诺会变成不可自拔的错误。"

158

有人会发此疑问：当我们在朋友面前，被迫得"非答应不可"，而实际上明知这事不该答应时又怎么办？

人际关系学家告诉我们："我们需要在聆听别人陈述和请求完毕之后，轻轻摇摇头，而态度并不强烈。"

轻轻摇摇头，代表了否定，别人一看见你摇头，知道你已拒绝，跟着你可以从容说出拒绝的理由，使别人易于接受你不能"遵办"的苦衷，就不会对你记恨在心。

有许多事情常是这样的，看来应该做，但一做起来很麻烦。比如你有一位好友做了保险经纪人，他来向你说了一大堆买保险的好处，然后，他请你购买100万元保险。你也明知此举真有益处，但是，后来当你仔细一想，如果照他的要求，你每月要付出的保险费，等于你收入的1/3，而目前你的收入，也不过是仅可敷衍日常生活所需。而你一定明白这事儿很难办到，你就不妨"轻轻地摇头"，然后说出上述的理由。

有些人喜欢拖，或要人家跑几次来听他的最后答复，这都不是好的应酬之道，我们不是常常听见这样的怨言："他不答应，早该对我说呀！"

这样一来，你在别人眼里就成了一个言而无信的伪君子。

有时，出于难为情，对于别人提出的请求没法一口回绝。在这种情况下，许愿就要掌握分寸，应根据不同的具体情况采取不同的许愿方式和方法。这里有三种方法可资借鉴：

一是对把握性不大的事儿可采取弹性的许愿。如果你对情况把握不很大，就应把话说的灵活一点，使之有伸缩的余地。例如，使用"尽力而为"、"尽最大努力"、"尽可能"等有较大灵活性的字眼。这种许愿能给自己留下一定的回旋余地，但一般会给对方留下疑虑，取得对方的信任的效果要差一些。

二是对时间跨度较大的事情，可采取延缓性的许愿。有些事情，当时的情况认准了，可是由于时间长了，情况会发生变化。这时，你在许愿中可采用延缓时间的办法,即把实现许愿结果的时间说长一点,给自己留下为实现许愿创造条件的余地。比如,有人要求老板给自己加薪,老板就可以这样说:"要是年终结算,厂里经济效益好,我可以给你晋升一级工资。"用"年终结算"一语表示实现许愿时间的延缓,显得既留有余地,又人情入理。

三是对不是自己所能独立解决的问题,应采取隐含前提条件的许愿。这即是说,如果你所作的承诺,不能自己单独完成,还要谋求别人的帮助,那么你在许愿中可带一定的限制词语。

为人处事,应当讲究言而有信,行而有果。因此,许愿不可随意为之,信口开河。明智者事先会充分地估计客观条件,尽可能不做那些没有把握的许愿。

须知,许了的愿,就应努力做到。千万不可因一时事急,乱开"空头支票",愚弄对方。一旦自食其言,对方一定会特别恼火。

万一因情况有变而没实现自己的许愿,也应向对方如实说明原因,并诚恳地道歉,以求得对方的原谅和理解。

对于自己根本没有能力办到或不想办的事情,最好及时地回绝。拒绝并不是简单地说一句"那不行",而是要讲究艺术:既拒绝了对方的不适当要求,又不致伤害对方的自尊,也不损害彼此的关系。

5. 朋友托你办事怎么办

人在工作和生活上,都有可能托人办事,同样,别人也会托你办事,人人都无法脱离这种社会的责任。

"无私的人正是看到这一点,并诚实而自觉地把自己融入了别人的生活,而给别人以温暖和美意,同时也使自己快乐和充实。"

"自私的人正是无视这一点,拼命而冷漠地从别人那里为自己索取和争夺着什么,自己臃肿到了可怜的地步,还遭到了别人的蔑视和不齿。"

也许没有比帮别人办事这一善举更能体现一个人宽广的胸怀和慷慨的气度了。不要小看对一个失意人说一句暖心的话,对一个将倒的人轻轻扶一把,对一个无望的人赋予一个真挚的信任的意义。也许自己什么都没失去,而对一个需要帮助的人来说,也许就是醒悟,就是支持,就是宽慰。

对于一个身陷困境的穷人,几十元钱的帮助可能会使他干一番事业,闯出自己富有的天下。

对于一个执迷不悟的浪子,一次促膝谈心可能会使他建立起做人的尊严和自信,或许在悬崖前勒马之后奔驰于希望的原野上,成为一名勇士。

就是在平和的日子里,对一个正直的举动送去一缕信赖的目光,这一目光无形中可能就是正义强大的动力。对一种新颖的见解报以一阵赞同的掌声,这一掌声无形中可能就是对朋友的巨大支持。

就是对一个陌生人很随意的一次帮助,可能也会使那个陌生人突然悟到善良的难得和真情的可贵。说不定当他看到有人遇到难处时,他会很快从自己曾经被人帮助的回忆中汲取勇气和仁慈。

（1）君子成人之美

《论语·颜渊》里说:"君子成人之美,不成人之恶,小人反是。"成人之美,就是帮助别人做成或实现愿望。《西厢记》里的红娘,同情和促成张生与莺莺的爱恋,事发遭难,仍仗义执言,促成有情人终成眷属。《水浒传》里的武松,不平于蒋门神霸占施恩的快活林酒店,行侠仗义,挺身而出,"醉打蒋门神",夺回快活林。这些古代的故事,都可算得上是成人之美的壮举。

"成人之美"的事,在今天的社会到处都有,如主动替朋友值班,使他有时间去会女友;尽力帮助朋友复习功课,掌握知识,使其早日榜上有名;主动帮助一时经济拮据的朋友,使其免除后顾之忧等等。

总之,大凡是好事情,好愿望,你伸出热情的手,予以大力帮助,使之功成事就,都可以说是"成人之美"的"君子"行为,都是得人心,受欢迎的。

（2）分内分外都要帮

当你正在潜心于某项工作,或全身心投入一份你所热衷的事业,或沉浸于你所赖以生存的一份职业时,却受到了来自朋友、亲戚、同学或同事的求助等分外之事的干扰,需要你分出时间,需要你分出心思和精力去应付它。

如果应承这类分外事,势必影响你所进行的工作,你会觉得不愉快、不甘心。如果拒绝它、排斥它,你也会感到心里不安,还可能遇到意外的麻烦,譬如遇到误解,受到无谓的攻击,受到周围的冷淡,你会同样过得不舒服、不愉快。

人生经常陷进两难境地。应承分外之事的干扰或排除分外之事的干扰,不仅是一个怎样对时间进行合理操作的技巧问题,而且是一个怎样认识自己生命存在的根本问题。

在应承分外之事或拒绝分外之事的两难情景里,你可以首先从应承分内之事方面着想。你受到了分外之事的干扰,用于你所进行的主要工作的时间相对减少了,你在这里感到有所损失,有所不安。但你收获的可能是良好的人际关系,于是你又没有不安的感觉了。

分外之事,同事、友人求助等之类的事也许只是表面上占去了你的时间,从长远着想,从整体着想实际上可能并不会对你造成损失,它可能对你眼下所进行的工作产生间接的影响,或者对你将来的工作产生间接的作用。那么,这份"干扰"也就不成其为干扰了。

不是说世事洞明皆学问，人情练达即文章吗？

况且，你在接受分外之事，在帮助别人的时间里，你或许能够感觉到助人的快乐，你此刻的存在便是快乐的，便是合理的。作为个人而言便是失中有得，没有什么值得遗憾的。

同时，你帮助了别人方便了别人，获得了良好的人际关系，这种美妙的效应也许你一时还不能明显地感觉到。你经常与人方便，常替别人分担忧愁，帮助别人，日积月累，时间长了，你处世行事将四通八达，这将大大胜于你当初因拒绝别人而省下的那一点点时间的损失。

(3)懂得相互"借光"

平时我们请人帮个小忙，习惯说劳驾、借光。它和借光有什么关系？其实从"借光"一词的来历就说明了求助也就意味着互利。

传说，古代有个勤劳的孩子，因家里太穷买不起灯油，夜晚无法读书。村里有个大房子里有灯光，那里有许多妇女纺线。他便去请求帮助，借点光亮。为了让人家欢迎他去，他说，你们给我方便，我也要给大家做点好事，每天晚上我来打扫房间。于是，他就这样每天晚上借用别人纺线的灯光读书了。

互助互利不仅指物质利益，而且还有精神利益。作为被求助的一方，不一定非要你给他什么帮助和好处不可，或许一句温暖的话语，就能给他莫大的鼓舞，给他在精神上的满足。

6. 妥善处理朋友间的麻烦

朋友之间也难免会出现一些"麻烦"，如争吵、别扭、意见不合、经济纠纷等等。如处理不好，就会造成友情断绝，甚至反目相向；处理得及时妥当,就会尽释前嫌,和好如初。

朋友之间有"麻烦"是正常的,及时妥善处理是最重要的。

(1)与朋友发生争论时

正确的态度应该是"求同存异",马克思和恩格斯争论问题就是这样。当时法国科学家比·特雷莫写了一本书,马克思认为"很好",恩格斯却认为"没有任何价值"。通过反复、尖锐而又友好的争论,马克思终于接受了恩格斯的看法;而对另外一些问题,则持保留态度。这样求同存异,使各自的意见都向真理前进了一步。

为了避免在朋友间出现争论,必须持这样的态度:原则问题可以争论,细枝末节的东西大可不必争个"你死我活"。这样,在你和朋友之间出现争论的机会就少得多。

(2)与朋友观点矛盾时

朋友之间有时见解不同,甚至见解对立,这也是很正常的事情,观点不是义气,观点可以争辩,但义气是容不得争辩的。所以,朋友间发生歧见时,观点疏离了,感情却不能疏离。

①继续保持忠诚和信任。并不因为双方存在歧见而诋毁朋友,甚至在某些场合还要维护朋友的威信、观点,帮他说话,要依然相信朋友的优良品质。

②暂时拉开距离。尽量使双方的歧见处在一个"冷冻"状态,让时间和事实来证明谁是正确的,谁是错误的,避免歧见继续扩大。

③保持平等和尊重。不要固执地认为你是对的而他是错的,朋友之间没有高低之分,如果你持自己百分之百正确的态度,即使对方确实错了,他也会感觉你对他不够尊重,而产生逆反心理,"错了又怎么着?"这是他很自然的反应。

(3)与朋友发生经济纠纷时

一般说来,与朋友间特别是要好的朋友间尽量少些经济上的往来,比如向朋友借钱,当还不了或不按约定时间还款时,肯定会影响今后的长期交往。但对一些本来就是通过经济往来业务而建立的朋友关系,就难免不出现经济纠纷,因此一定要慎之又慎。

①对症下药。把产生纠纷的原因弄清楚,是朋友误会了还是自己弄错了。"亲兄弟,明算账",要把经济往来的账目全部向朋友交待清楚,让他相信你并没有隐瞒什么。

②坚决按约定或合同办事。因为这是事先商定好的依据,坚持按此来解决纠纷,谁都不会有话说。

③共商解决办法。朋友之间的纠纷,如果双方坦诚相待,达成一致的解决办法还是能达到的,所谓"朋友好商量",只要你不存在欺诈、恶意使坏,问题和麻烦是不难解决的。

7. 把竞争对手当作伙伴

情趣相投方为友。作为朋友,肯定是能够在一起谈的来,有着共同的追求和生活的目标,也就意味着你们在前进的道路上会相遇。在共同志向的朋友之中,也许就潜伏着你的对手。

朋友之间应该不应该竞争,答案是肯定的。每个人都在为自己的目标而努力奋斗,如果仅仅是因为感情的原因而放弃竞争或害怕竞争,那么就无从谈起进步了。关键是看在竞争中如何与朋友处理好相互之间的关系。

朋友之间的竞争首先应该相互尊重,光明磊落。将朋友视为自己的竞争对手,作为你学习的榜样,这样你所产生的是敬佩,是好强,互通有无,就能促进工作,使自己在学习中获得更多的知识。

互为同事的朋友,在遇到共同的机遇的时候,首先认清自己的能力,分清楚彼此的具体情况,当确实感到技不如人,又在其他方面诸如管理、人际关系方面等不在行时,自己的综合能力比较起来有差距时,不妨让位于朋友。这样你就有一个缓冲的机会,能够名正言顺地向朋友学习,还获得朋友的信赖和感激,为自己在前进道路上设置一块引路石。

王玉明和李志强都是某名牌大学的毕业生,两个好朋友又同时进入某公司的同一部门就职。两人业务水平和组织管理能力相差不大,外人根本看不出。李志强觉得自己确实比王玉明稍逊一筹。部门负责人调往外地分公司前,推荐王玉明接任他的职务。群众民主推荐时,两个人都是榜上有名。在考察谈话时,王玉明竭力推荐李志强,李志强又竭力推荐王玉明。结果,领导因为他们都很谦虚,能发现和利用人才,便任命两人分别担任了部门正副职。两人在工作中配合默契,李志强时刻注意把成绩记在王玉明身上,使公司领导更加重视王玉明。两年之后,王玉明升任公司副总。又过了两年,李志强由于工作成绩显著,加上王玉明的推荐也升任公司副总。

一山居二虎,总得有一虎为王,待到它开拓了疆域,到别的山上去了,剩下的这只虎自然是王了。

当然,如果你认为自己比较突出时,该争的就要争,因为你的能力是属于自己的,也是属于公司的,更有能力的人进行领导能够创造出更大的价值。

如何对待朋友之间的竞争呢?

首先应采取正视而不回避的态度,承认这种竞争的残酷性,承认这种竞争与友情的对抗性。但是,在竞争中应把握一条,即公平地、公正地竞争,凭借自己的实力而不是"踩"在别人的肩膀上去摘果实。

其次,因竞争胜利而损伤了朋友的利益,受益方应寻找机会加以补偿,以求得朋友的理解、原谅。

作为朋友的同事,与自己是既有合作又有竞争,竞争和合作是相互转化的,要认真把握好度。分清前途与事业两者之间的利害关系,对自己的发展是非常有利的。

8. 巧批评增进友情

　　朋友之间的相处,并不一定是你好我也好,需要相互帮助,相互爱护,对朋友没有意见的人只能说他是迁就对方或不愿意开口。相处的时间长了,肯定会发现彼此的缺点和不足,在适当的机会提出来,不仅不会影响朋友之间的感情,还会让人觉得你光明磊落,真心关爱朋友。

　　唐朝宰相张九龄与严挺之、萧诚是朋友,但严挺之性格刚直,与总说好话的讨人喜欢的萧诚合不来。李泌是中唐的著名政治家,在小时候特别聪明,张九龄经常请他到家中做客。

　　有一次,严挺之劝张九龄与萧诚断绝来往,严挺之走后,张九龄对他的话考虑了很久,自言自语道:"严挺之爱顶撞人,有时真让人受不了;还是萧诚柔顺,惹人喜欢。"说完,马上派人去请萧诚。李泌恰好在一旁听到,直言不讳地责备宰相大人:"您原来是一个普通的百姓,靠着为人正直才做到宰相,如今却变得只能听恭维话了吗?"张九龄听了这话,如服了一帖清凉剂,猛然醒悟,脸上露出严肃的神情,诚恳地向李泌表示感谢。

　　从此,张九龄称李泌是自己的朋友。

　　李泌对张九龄有深刻的了解,并敢于一针见血地指出他的缺点,促使张九龄翻然醒悟,并与他结为忘年之交。

　　当然,朋友之间的批评有时要讲究策略,特别是涉及到朋友的私事时,要谨言善辩,既要防止朋友因此误入歧途,又不能横冲直撞,甚至影响朋友之间的关系。

9. 要互相尊重

与朋友之间的交情越深,有时越觉得相互没有距离,觉得用自己喜欢的方式去对待对方就行了。其实不然,每个人都是一个主体,都有获得尊重的欲望,即使是父亲和儿子也存在这样的心理要求。

不要以自己的喜欢而就认为别人也喜欢接受,每个人都有自己的思想、习惯、性格……

尊重自己的朋友,就意味着尊重你自己,也会获得朋友的尊重。每个人都有自己的忌讳,或明或暗的,此时,你应当细心些,仔细观察,就能够发觉你需要当心的问题。

在朋友不尊重你时,你将怎么办呢?首先,你可以开诚布公地向他提出你的看法,也许只是认识上的不一致,只要大家谈开来,将相互的意见说出来,也许马上就可以解决。其次,对于屡次谈话都丝毫没有进展的,不妨冷落他,将相互之间的关系淡化。第三,如果总是受到干扰,不如以牙还牙,使对方也明白不受尊重的滋味,对方就会态度好转。当然,尽量不要到这一步。

不懂得尊重别人,就无法获得别人的尊重。在交往过程中,彼此需要相互尊重,才能获得长久的友谊。

10. 学会求同存异

世界上没有两片相同的叶子,尽管朋友与你的气质相仿、兴趣相近、性格相投。但是,朋友作为一个独立的人,有自己的思想、行为和办事方式。

朋友相处的求同存异能够避免在某些问题上较真儿、争论,也有助于相互之间和平共处。如何才能够达到求同存异,相互补充呢?

首先,能够容忍朋友的缺点。每个人都有或这或那的缺点,不要一发现朋友身上的缺点就立即大惊小怪起来,重要的是你要通过适当的手段、选择适当的时机向朋友提醒,帮助其改正缺点。

发现缺点还要正确对待缺点,每个人身上都有缺点,不能因为有缺点而厌恶、远离朋友,这样你的朋友就会越来越少。

其次,保留朋友的自我。使朋友保留自己的个性,不仅常常有新鲜感,还能够获得对方的尊重。如果主观武断地要求朋友的性格、爱好等与你一样,那么朋友只好离你而去了。

第三,尊重朋友的隐私。或许在你眼里看起来不是隐私的,对朋友来说恰恰是隐私。不要将朋友的生活,特别是私人生活随便向其他人透露,一旦出现问题,你们两个的关系也就破裂了。

不要将朋友理想化,要求同存异,相互之间的关系才能长期发展下去。

11. 帮助你的朋友

在每个人的生活之中,都存在不如意的地方,这些有时就会向朋友倾诉。有时能力强的反而会遭到更大的挫折,这些挫折有的是环境造成的,但更重要的是由自己造成的。在听到此类的倾诉后,面对你的朋友,你将说些什么呢?

王朗毕业于北京国际经济贸易大学,在一家贸易公司工作,那家公司人员的学历并不高。有一天,王朗找到他的好朋友吴豪倾诉自己的苦闷:"我的领导一点也不把我放在眼里,他们学历都比较低,不就是工作经验多一些吗,改天我要和他拍桌子,然后辞职不干了。"

吴豪听到他的倾诉后说:"你对于那家贸易公司完全弄清楚了吗?对于他们做国际贸易的窍门完全搞通了吗?"

"没有!但我想也没有什么了不起!"王朗气愤愤地说。

"君子报仇十年不晚,我建议你好好地把他们的一切贸易技巧、商业文书和公司组织完全搞通,甚至连怎么修理影印机的小故障都学会,然后辞职不干,"吴豪建议,"你用他们公司做免费学习的地方,什么东西都通了之后,再一走了之,不是既出了气,又有许多收获吗,即使跳槽到别的公司,公司也能把你当作人才。"吴豪像个参谋长似的给王朗分析了具体情况,并制定出对策。

王朗听从了朋友的建议,从此便默学偷记,甚至下班之后,还留在办公室研究写商业文书的方法。

有一天,吴豪出差到北京,找到了王朗。

"王朗,现在学得怎么样了,我们公司正在招收人才,你不是要拍桌子走吗,那就到我们公司来吧!"

王朗突然觉得不好意思:"这半年来老板对我比原来好多了,准备让我独挑一摊呢,我觉得留在这里对我发展更加有利一些。"

"哥们,跟你开句玩笑。当初你的老板不重视你,是因为你的能力不足,只是靠着本本是没有用的,你还没有意识到这一点,不好好学习,只是想向高层跑。告诉你,如果那时你在高层,反而会害了你。现在经过锻炼,你的基础扎实了,再利用你的学历高的优势,肯定做得比他们更好。"吴豪说道。

"是啊,还多亏了你老兄的教诲呀!"王朗答道。

朋友之间的劝说有时直来直去是起不到说服的效果的,还有可能火上浇油,不如采用隐含的方法,顺着他的思路,然后说服,这样会使得朋友在不知不觉中落入你的圈套。

假设当时吴豪直截了当地说:"你的本事还没有学成呢,就想跳槽?向老板要价也要凭本事!"两人的关系也许当时就掰了。

在关键时刻给朋友指点迷津,会赢得朋友的信任和尊敬。

12. 别以你为中心

交朋友应该主动出击,首先向对方表示友好并不是表示你低人一等,只是表明你更加成熟了。对于文人来讲,可能更加容易犯自命清高的毛病,总是觉得自己了不起,非要求他人向自己靠拢。

王忱为东晋人,为人性格狂放不羁,少年时就有名,受人器重。有一次,他去看望舅舅范宁。正巧张玄也在范家做客,张玄比王忱年纪大,出名早。范宁要他俩交谈交谈。张玄很严肃地坐着,一本正经地等王忱上来和他打招呼。王忱看到张玄这种煞有介事的架势,心里很不舒服,也就一言不发。张玄既尴尬,又放不下架子,失望地怏怏而去。

范宁责备王忱:"张玄是吴中秀才,你为什么不和他好好地谈谈呢?"

王忱笑道:"他真想和我认识,完全可以自己来找我谈心。"

后来,范宁把王忱的话告诉了张玄,张玄觉得在理,便整束衣冠,正式登门拜访。王忱也以宾主之礼相待,从此,两人成了好朋友。

觉得自己了不起,等待着别人来高攀自己是交不到朋友的。主动交流,谦虚有礼是一个人有修养有气度的表现。只要表现适度,不仅不会降低身份,反而会赢得对方的好感。

建立朋友关系是这个样子,与朋友相处更应该注意。处处以自我为中心,会逐步失去朋友的。自己的话应该听,自己的决定不要改,大家最好听从我的吩咐,应该与我的想法一致,这样只会吓跑朋友。

要求朋友以自我为中心还有另一种形式,就是希望朋友永远陪伴在自己的身边。朋友交往,是一种精神需求,是相互促进,共同发展的一种手段。如果成为了一种负担,就会损害朋友之间的顺利交往。

剥夺朋友的自由空间,希望朋友永远绕在自己的身边,只能促使朋友逃离,因为朋友还有自己的交际圈。有的人嫉妒心特别强,见朋友与自己意见相左就心里不舒服,感到朋友背叛自己,不能"同仇敌忾"。其实,这是一种狭隘的"个人主义",总是希望自己是中心。

当你发现朋友另外所交的人正是跟你曾有磨擦的人时,你应该宽宏大度,平静对待。倘若你眼睛里不揉砂子,去责怪朋友,只能使朋友左右为难。

不要将朋友的交际半径仅仅局限在你的空间里。禁锢在自己的空间中只能起到适得其反的作用。朋友也需要自己的交际,如果因为你而失去其他的朋友,只能会由怨生恨,最终离你而去。

交友得法,友谊长久;反之,朋友之间的友谊就会如昙花一现,转眼即逝。

九 处人的性格：办公室做人方圆

1. 一视同仁不凌弱

由于自身的能力和机遇，有的同事获得领导的青睐，而有的同事则是默默无闻。在与同事相处的时候，不要因为某些同事暂时的得势而阿谀奉承，也不要因为同事受到排挤而随之冷落。平等相待不仅仅是做人的一种标准，也是为了以后自己更好地生活，不一定哪一天，昔日落魄的同事会成为你的上司。

李文雄毕业于清华大学计算机系，被分配到一家电子石英表制造厂的芯片设计组。由于家境贫寒，衣装不整，与其他同事的西装革履形成鲜明对比。为此，领导不止一次地对李文雄说，"注意我们的形象"。同事们也很鄙视他、孤立他。李文雄每月除了饭钱就所剩无几了，还需要买书。只有宋光明经常同他聊天，有时候还将自己的衣服送给他，李文雄也把他当作自己的知心朋友。一年以后，当李文雄终于买了一套西装的时候，他辞职不干了。两年后，这家工厂被德国某公司在中国的分公司兼并，李文雄担任该厂技术总工程师。为了感谢宋光明在自己最艰难的时候给予的帮助，特地推荐他去德国培训并予以提升。

当然，我们在一视同仁地对待同事的同时，不要想到一定要求回报，其实在交往的过程中，你一定能够从任何一位同事的身上学到东西。

对待弱者应该以一颗公平之心对待，而不要以怜悯之心待之，这样不但不会建立感情，反而会伤害同事。

对待强者，也不要冷眼而视，产生对抗情绪，他们之所以比你强，肯定有高出你的地方，要虚心地向他们学习。

2. 帮人帮在点上

患难之交才是真正的朋友,同事之间也一样,在遇到危机的时候去帮助他,会加深相互之间的感情,也会得到相应的回报。

李定在某家塑料制品企业经营部工作。一天,厂长心急火燎地过来问:"汪霞呢,她的那份合同做好了没有?"今天恰巧汪霞出去办私事,临走时对李定说了一下。李定当时说:"汪霞刚刚出去,可能上厕所了吧,您需要哪一份合同书?""就是那份与宏达塑钢窗厂签订的那一份合同,越到节骨眼儿上越找不着人!"厂长答道。"汪霞一会儿就回来,我先找一下。"厂长走后,李定马上给汪霞打电话,找到了那份合同,及时给厂长送了过去。关键时刻李定解决了难题,汪霞非常感动。两个人的关系非常密切,成为了知己朋友。

相互帮助并不一定表现在工作上,有时生活中的小事会给人极深刻的印象,从而改变在工作中对人的看法。

玛丽是一个单身女子,住在纽约的一个闹市中。有一次,玛丽搬一个大箱子回家。电梯坏了,玛丽只好自己扛着箱子上八层楼。约翰与玛丽是同事,但玛丽平时看不起约翰,有时还冷嘲热讽。因为约翰平时没事总是不在办公室,工作很差,有时还会弄巧成拙。此时,恰巧碰上约翰,约翰想帮玛丽把箱子搬上楼去。玛丽很难为情,约翰主动上前,将箱子搬上楼去。事后,玛丽对约翰表示感谢,并开始重新认识他。经过交往,终于发现约翰的兴趣所在,通过关系,使约翰进入了另外的生活。

在同事有困难的时候帮助他,是我们分内的事情,切不可以此作为人情记在心头,不要沾沾自喜,自鸣得意,时常将对别人的帮助挂在嘴边,这样的人，人们也不愿意接受他的帮助。更不要期望对方给你的回报，否则不但加深不了感情，反而落得个"势利"的帽子。

晓庄在设计单位计算机房工作，对计算机比较精通，开始其他科室的人的家里的计算机出了毛病后喜欢找他帮忙。晓庄经常对那些曾经帮助过的人说，"某某某，你还不请我吃一顿，你少花了好几十块钱呢"。有时没有饭局，晓庄就直接找到他人家里，弄得大家特别反感。从此之后，很少有人请他去帮忙了。

热心是件好事，但要分清别人是否真的需要你帮忙，有的人只是为了倾诉，为了获得人们的赞许。

武东比较热心工作，特别是在晚上的时候。每天早晨，同事进来的时候总是看到他一脸倦容，问之，答曰："昨天又加了一个晚上的班。"有位初来的同事非常热心地问："是否需要帮忙。"回答说："你帮不了忙。"弄得那位同事一头雾水，觉得领导交给他的任务一定是比较艰难的，领导肯定对他比较重视。后来其他同事告诉他，此时应该说："哎呀，你真辛苦呀！哎呀，做了这么多事情呀，你真能干！"

3. 勿以善小而不为

平时的小事，对发展同事之间的关系，有时会起到相当积极的作用。从一件小事，有时就能看出你对同事的重视程度。

于钢是刚刚从学校出来的，性格比较内向，有轻微胃病，不愿表现自己的意愿。一次，同事们一起出去吃饭，菜点的都是川菜，于钢心里虽然希望点几个青菜，但不好意思说。突然，点菜的同事问道："于钢，你吃川菜行吗？"于钢当时心里一下子热乎乎的，说道："来两个青菜吧。"该顿饭后,于钢很快与那位同事建立了深厚的友谊。

记得同事的生日,给同事一分惊喜;了解同事的爱好,给同事带来小礼品;出差的时候询问同事需要的东西,出差之后带一些特产给同事们分享;记住同事的忌口等等,以上这些,都可能成为你以后促进同事关系的资本。

约请同事到家中一叙,菜肴要记住各位的口味,上菜时介绍说:"某某某,这是你喜欢吃的鱼香肉丝。"

答应别人的事情,一定要有答复,无论成与不成。同事之间委托要办的事,一般都是小事,没有办成的及时说明理由,或者补办。

4. 分清责任免诬陷

同事之间相互帮忙是完全可以的,但绝对不能越俎代庖,一旦出现了问题,责任会很难分清楚。

在一些重大事情上,只能提建议,最后加上一句"我的建议只作为参考,请你仔细考虑后再作决定"等类似的话。

一定要按照工作程序进行,不要因为某个人说了些什么就去执行,这样会既害了自己又对同事产生影响,产生不和谐的音符。重要的是,你失去的不仅仅是同事的信任,对你的前途也会产生消极的影响。

章伟和马关成是同事,关系非常要好。由于关系密切,两个人经常在一起商讨工作,相互提出建议。马关成搞技术,章伟负责施工。工作程序应该是由技术部通过资料员发放有关的技术方案和设计变更等一系列有关工程的文件。这一天,章伟找到马关成说,工程上面有一部分特别不好操作能否与设计者商量一下做一些修改。马关成看了一下图纸,说:"这一部分用处也不是很大,我与设计商量一下再说。"章伟说:"哎呀,今天是周六,我马上就开始干了,你就先拍板算了。""好,那一部分就先不要做了,我周一同设计商量后下发一个文件。"马关成大方地说道。周一章伟出去旅游了,马关成问了设计,设计答复说可以考虑,但没有给出具体办法和文字,马关成将此事忘记了。待到想起来时,工程已经完成了大半了,而该设计变更也没有给出正式方案,设计院也不同意修改,造成了重大质量事故。章伟和马关成的关系从此变得若即若离起来,再也找不到原来的感觉了。

如何避免受到诬陷呢?

首先要分清责任。每个单位的每个人都有自己的岗位,每一位同事都由领导安排工作。自己分内的事情坚决要按时按质按量地完成,不要自己事情没有完成,别人的事情又帮忙。

其次,事情要分清轻重缓急,不要凡事都热心,凡事都做不好,凡事还大包大揽。帮忙时要分清哪些是自己得心应手的,哪些是自己比较生疏的。

第三,帮忙时要考虑帮忙后产生的后果,认清环境形势。

第四,认清同事的意愿和性格,有的同事比较骄傲,不喜欢别人多管闲事。

第五,认清自己的性格和能力。凡是受到诬陷待遇的人大都有自身性格上的缺陷。性格上比较懦弱、自卑,所以大家才会以为你好欺负。辨别是非能力比较差、抵制力比较差都是你可能成为诬陷对象的缘由。

要有自己的主见,警惕那些随声附和的同事,也许他们并不关心你的对错,或者不了解你的工作。

在工作中,一定要明确自己的责任,不要胡子眉毛一起抓,你抓得高兴的时候也许正是埋下祸根的时候。帮忙好了,同事高兴,做错了事,同事就会推到你的身上。分清责任,避免被诬陷的事落到自己的头上来。

即使领导认为错误完全在同事身上，领导在心里也会认为你多事，不会做人，不能够搞管理，对你的升迁会有很大的阻力。

5．从帮忙中获大人情

人在工作和生活中，都要去托人办事，同样，别人也会托你办事儿。君子成人之美，是理所应当的，但如何将它变得完美无缺，这是每个人都应该考虑的。正如前面所说，帮忙也需细思量。

帮忙有时会是突然的，你也许还没有进行细致的思考，对方已经开始催促你了。对于力所能及，又不牵涉到其他方面的事情可以一口应承下来。对于感到为难的事情，千万不要当时就拍起胸脯，"此事就包在我身上了""这事儿没有问题"，此类的话语不要随意出口。宁可让人看低一些，也不要口出狂言。

如果非要你出马的话，你可以说："这事我尽量努力，但能力有限，有可能办不好，你不要只靠我一个人，可以找其他的人一同帮忙，这样效果可能会好一些。当然，我还会努力去帮忙的。"

王林在某国企单位技术部上班，但是他一直想到工程部去。为了此事他曾经和领导谈过几次，领导总是不同意，恰巧有一项工程下来，正是机会。听说马壮与该项目领导关系不错，王林便请求他帮忙。马壮一口应承下来，其实他与该领导关系只是原来在一起工作过而已。联系的结果是没有同意，可是话已出口，如何答复呢，多没有面子，马壮只好看看其他工地有无机会。事情就这样一步一步地拖了下去，最终没有联系好。期间，王林原来的同事拉他入伙，因对马壮抱以希望，王林推脱了。

在给人办事时，适当地拖延，会给别人一种你真心办事，并且办事有一定的难度的感觉,但也有确实的把握。

帮完忙后不要急着找后账。对于知恩图报的同事,如果不给他机会,他会觉得欠你的人情;对于那些本身就认为帮忙应当的同事也不必去提什么回报,你提了反而会使自己的形象受损,闹不好还会戴上一顶"目光短浅"的帽子。

同事之间欠人情是平常的,也是平等的。对于那些想要还人情的同事,不妨给他一个机会,不要使他觉得接受你的帮助是一种负担,否则也许你将失去他的友情。

在帮忙时要注意量力而行,不要打肿脸充胖子,为了某些虚荣心而应承下来,有时不但帮不了忙,还会越帮越乱,最后落得个埋怨。对于违反原则的事情,要坚决予以拒绝。

6. 替人表功获好感

很多同事都有自己的出色表现和引以自豪的东西,只是这些表现有时不能够为领导或其他同事发现,此时如果你充当一个发现者的角色,同事会非常感激的。

表面的赞美有时会令人很尴尬,但背后的赞美会收到奇效。不要担心别人不知道你为他做了些什么,世上没有不透风的墙。

庄晓峰比较热心,经常利用休息时间去看望邻居家的孤寡老人,帮助他们做事。在一年前,他递交了入党申请书。一天,他的同事王杰发现了这个秘密,回来后对其他同事装做不经意之中谈起这件事情。庄晓峰照顾孤寡老人的事情不胫而走,不久,公司党委鉴于其表现,同意接受庄晓峰为预备党员,并任命他为公司团委书记。后来,得知是由于王杰的"告密"才走上这条坦途的,他对王杰心存感激,不久,王杰被任命为部门负责人。

有很多领导喜欢在背地里打听其他同事的情况,此时应该多加赞美。对于那些原来在领导心目中很普通的同事更应该如此。那么这样会不会使能力强的同事失宠呢,答案是否定的,领导自有自己的打算,你的话他只作为参考。

当领导当众批评了某位同事后,在有机会的条件下,与领导单独相处时,不妨在领导面前替他美言几句。领导毕竟了解有限,也许只了解到他的一面。

周力军在建筑装饰企业技术部工作,刚刚调来不久。由于机构改革,技术部管理技术的仅有两人(部门经理和他),恰在此时,部门经理住院。此时项目经理要求完成吊顶方案,适逢监理例会要求整个装修工程没有方案将予以停工,生产经理要求两天内拿出结果。周力军每天晚上 12 点睡觉,终于将土方方案按期完成,施工可以顺利进行。一天后,项目经理来问吊顶方案之事,答曰:"还没有完成。"经理当时骂道:"都好几天了,连个方案也没出来,你干嘛去了!"说完,气冲冲地走了。事后,主管资料的同事在背后与领导说明了情况。由于周力军工作认真负责,不久被任命接替经理职务。他与资料员成了无话不说的朋友,不久资料员在他的帮助下完成了自己的愿望,去搞本专业工作,到施工项目上当了工长。

替同事表功,也会在不知不觉中改善了自己的生存环境,获得了较和谐的人际关系网。

7. 好汉做事好汉当

　　每个人都有犯错误的时候，无论是在工作中还是在与人交往的过程中，都避免不了出现错误，或口误，或工作有问题。古人云："朝闻过，而夕改之。"有错误不怕，怕的是不敢承认错误。

　　章武与管志刚在电信局财务科工作。一天，经理怒气冲冲地来到财务科，将一份财务报表分析摔在桌子上，问："这是谁做的，漏洞百出，怎么能够拿得出去，这个月奖金扣掉50%。"章武恰巧出去了，正在一旁的管志刚犹犹豫豫地说："好像是章武做的。"这份表格是章武做的，但是管志刚用计算机打的。

　　下午，章武回来后受到领导的批评，待到拿回报表核对时，发现原来是管志刚在打印时没有认真核对，错了几个数字。管志刚非常过意不去，向章武道歉。"没有什么，你也是帮我的忙嘛。"章武越不在意，管志刚心里越别扭。于是直接找到经理，说明了具体情况，经理严肃批评了管志刚，并要求下不为例。章武听说后非常感动，向管志刚表示感谢，两个人的关系更加密切了。

　　管志刚的承认错误虽然对自己是一种损失，但是却获得了同事的信任。如果这个后果由章武来承担，那一定是很严重的事情。通过直接向领导认错，缓冲了领导的部分过激的做法，同时解脱了章武的责任。如果不承认错误，虽然自己在领导心中的印象不会发生变化，但会使同事敬而远之。再说，没有不透风的墙，一旦传到领导的耳中，后果将比受到批评严重得多，在领导心目中你将成为一个不敢担任何责任的人，你的发展前景也许就此暗淡下去。

承认错误,必须要有足够的勇气,同时要自己分析错误,防止重犯。

向同事承认错误可以不拘形式,针对不同的人采用不同的方法,效果也不会一样。

开一下自己的玩笑,诸如说话引起的误解,一笑解千愁。

8. 受到重用灵活行事

同事之间的竞争是不可避免的,特别是当你成为比较耀眼的新星时,对你的嫉妒、诽谤和排斥就会接踵而来,如何应对这样一个环境呢?

在这种环境下要保持冷静,不要意气用事,这样就能掌握处理事情的主动权,具体要在以下5个方面注意不要出差错:

(1)上司的赏识不是对你的恩赐,而是利用你的能力:这是你自己通过努力争取来的,当然与领导的善识人才分不开,但如果没有人才,他的工作也会一团糟。把赏识当作恩赐之后,你的气节就会没有了,就会显得奴颜卑膝,而同事最看不惯的就是这种人。

(2)不要骄傲,须知能人背后有能人。

(3)不要随意地报复同事:成为领导器重之才,大家肯定就会认为你是最完美的才能获得青睐。你的缺点也会通过放大镜显示出来,难免因嫉妒而走上偏途的。或许有一天,你会成为他们的领导,如果积怨太深,又如何领导他们,得饶人处且饶人。

(4)不要故意取悦同事:你的地位是通过自己的才能而获得的,而不是同事们的努力。刻意地去取悦他们反而会使他们越来越觉得你在故作姿态,越远离你而去。或许他们觉得采取的排斥的战略是对的,因而更加坚决地执行。

（5）不要贬损上司：也许你想与同事们获得共同点，也许是为了证明自己与上司其实一点私人交情都没有，你可能会贬损上司，这样做不但融合不到同事们中去，而且还会伤害提拔你的上司的心，落得两面不是人。

以上是当你受到上司重用时可能产生的几种情况，希望大家在真正成为明星时，牢记以上几点，否则也许你的明星地位不久就会被其他人替代。

9.费力未必讨好

凡是管理阶层人士，由于日理万机，除了体能上的疲劳外，还经常饱受精神压力的煎熬。个别管理者天赋禀异，承受压力的能耐比一般人强，持久力也较长，但占大多数的普通主管却并不如此。当工作压力太大的时候，往往令他们寝食不安，严重的，可能还会染上神经衰弱。

外国出版了不少书籍，教导主管级人员面对压力之道——例如通过静坐、太极拳、气功、慢跑或午间小睡等方法，去使个人的身心恢复正常状态。

英文有个名词 workoholic（工作狂），是用来形容那些全身心投入工作而不顾休息的人士。为了成功而努力工作没有什么不对，但最大的错误就是不懂得在工作与休息两者之间取得平衡，这会带来意想不到的恶果。

休息并不代表懒散。休息是为再进一步工作做好心理上及生理上的准备。休息可以帮助一个人尽快恢复消耗的体力和精神，令他工作得更起劲。

过分紧张的人士永远不能成为一名成功的管理人员，他必须先学会放松这种技术。

身心放松对技术管理行政人员有很大帮助,在很多人眼中的所谓"天才",其实不外是跟你和我一样的普通人。放松是对抗精神紧张、工作压力的最有效武器,放松的技术简单易行,在任何时间都可以练习。对有工作狂倾向的人士,假如你们仍然漠视放松的功用,日后可能后悔莫及。

工作狂是一顽疾,不幸染有此症的人,往往日夜不停工作,把自己变成一部工作机器,以致影响自己的处事能力与表现,令工作无法达到预期的效果。如果你不想成为一个为工作而工作的人,却能从工作中获得成就感并寻找到工作的乐趣,让人对你源源不绝的潜质另眼相看,你必须对引致工作狂的基本成因,有一个深刻的了解,随时自我检讨,免致成为工作的奴隶。

具有工作狂倾向的人,其实他们是因为缺乏安全感,唯有从工作中获得满足,尤其是当别人对他们的工作表示赞赏时,自然感到飘飘然,日后鞭策自己更努力工作,唯恐稍一疏忽,自我价值也随之消失,世界变得毫无意义。

或许,有些人是借着繁重的工作,让自己没有时间回忆过去,除了睡眠与工作外,根本不用再面对其他问题,这种性格的人,他们可能十分内向,没有培养出什么嗜好,为了打发时间,更造成他们对工作的依赖,找借口避免参与任何的活动。

有些工作狂的男性,他们是希望借此得到父母的爱,认为只要自己一朝出人头地,或者成为大富翁,父母自会对自己另眼相看。这类型人士的童年生活可能并不愉快,缺乏父母之爱。此外,深受名利诱惑的年轻人,希望自己获得上司的赏识,不惜超时工作,不自觉地成为工作奴隶,把工作与成功排在一起,慢慢才发觉那不是脱颖而出的好方法。

老板一定喜欢这样的雇员:天天超时工作,即使是周末,或是,将工作带回家去做,对增多的工作绝无怨言。然而,这样地过了一段时间,你发现自己日夜埋首工作,压力过大,有时候,甚至有"工作奴隶"之感,那么,这是你需要检讨的时候了。

怎样测试出你是否付出过多？觉得精力耗尽和没有权力感，就是最危险的讯号，绝不可以轻视！另一个量度的方法是，想想什么是你的最大兴趣？订下一个目标，然后决定这种状况是否值得继续下去。花几天时间，将令你忙得团团转和满足感的要点列出来，再分析，它们是否是必要的工作？当你看到问题所在，就可以来一个转变了。例如你认定这份工作只是你的踏脚石，或只求取得经验，那么多花时间，你个人亦有一定收益，只是到了某个程度，你就该离弃之。

即使你不打算另谋高就，但这样超负荷工作下去，对你太不公平了，请先问自己："我若不接这任务，会有什么事发生？"学习拒绝的技巧吧。

不少人抱持错误的工作观念，以为他们在办公室逗留的时间越长，拼命工作，必然得到上司的赏识，平步青云。不料事与愿违，上司未必会欣赏这种盲目苦干的态度，同事也会讥讽这种人具有自虐倾向，是一个工作狂。

须知道工作过度，以致身心皆疲，徒然令表现差强人意，对己对公司未必有好处，没有上司会对一部工作机器予以信心与厚望。但人有时会掉进自己所设下的陷阱里，矫枉过正，患上工作狂也不晓得，越是自我要求严格，越容易出现力不从心的现象，因循苟且，对自己的事业发展造成重大的阻碍。凡事尽力而为之，同时也要量力而为，假如你对工作像着了魔一样，无法自拔，你要特别留神，避免坠进恶性循环中。你要慢慢培养自我控制的能力，尝试把对工作的狂热，转移到其他运动上，尽情享受个中的乐趣。

如果你计划出外旅游，最好找一处没有电话的地方躲起来，完全摆脱工作的阴影，感受没有工作压力的舒畅愉悦。

当你计划寻找消遣之时，预先订购入场票，如：戏票、机票、船票等等，让自己不致因工作的关系而反悔，积习难返。

你要时常提醒自己：日夜不停工作的结果，不但无法增加你的工作表现，可能还会越来越差劲，你需要有一点私人时间，与朋友畅叙愉快的时光，慢慢地你会发觉工作并非那样"非做不可"，公而忘私对你并不一定有好处。

你的工作，是否令你精神紧张，心绪不宁？很多人由于对工作抱持错误的观念，自造压力，以致终日怏怏不乐，自讨苦吃。以下是针对8种一般人常有的错误态度，提出的建议，供你参考。

（1）你相信与每位同事相处愉快，是你的责任。专家认为这根本是不可能的事情。

（2）要讨好每一位同事，要人人喜欢你。根本没必要，也并不重要，否则复杂的人际关系会把你搅昏，总觉得自己做得不好，以致惹怒其他职员。

（3）有时工作的压力并非全部来自工作上，很可能是你不自量力，对自己要求过高所致。

（4）如果你认为除非自己每星期最少工作80小时，否则不可能获得上司的赏识，获得升职加薪，显然这是一厢情愿的想法。

（5）只要你工作表现良好，尽心尽力，做好分内的事情，你不需要像个工作狂，以为把自己累个半死，便能令领导对你另眼相看。

（6）如果上司时常要求你加班，又没有给你特别优厚的待遇，会令你感到很心烦。其实你不必继续痛苦地忍受下去，在你的面前，永远有两个选择——依然守着工作岗位或是辞职不干，何须勉强自己做不愿意做的事情呢？

（7）你若要事业有成，不需要时常自我催迫，要为自己定下崇高的目标。

（8）不切实际的理想，只会增加你的心理负担，不但无法激发你的潜能，反而会使你怀疑自己的能力，不自觉地泄气。

要摆脱在额外时间工作的包袱，避免给人"工作能力欠佳"的印象，你该谨记以下的要诀：

把目标列出来，近半年的各项要完成的琐事一一依次写下，其他大事也不妨作个5年大计。好了，你在办公室所做每一件事都必须依清单去做，一件随着一件，但请别忘记在一段时间后重新审阅清单一次，而且要做的事应包括适当的休息。

每天一早返回公司，首先把当天的事务列出一个表来，并预计每件工作所需的时间，又不妨把事情用ABC来分类，再依急缓去做。或者先做容易的，建立了信心再做难的，会有意想不到的效果。重复翻看文件费时费事，请把已完成的任务的有关文件全数尽快放入资料柜，避免让它在桌上打扰你。还有，想到就做立刻行动，切莫先喝杯咖啡，或浇浇花儿等，分散注意力。同时，别忘记奖励自己，顺利地把工作完成，可去喝下午茶，顺便活动一下筋骨。

此外，许多需要商谈的事项，你不妨邀对方共进午餐，也是节省时间的妙法。

你是否作息定时，工作时工作，游戏时游戏？一个无法把工作与游戏时间平均分配的人，他会发觉无论自己做什么事情，都感到分外吃力，往往需要超时工作，才能勉强应付累积的工作，假如你不希望成为一部工作机器，你更要争取休息的机会，认识游戏的重要性，使自己终日保持精神畅旺，工作得更投入，充满干劲。

很多人都有一个错误的观念，以为自己拼命工作，一切难题便会迎刃而解，事实却恰恰相反，如果你能在精神紧张之时，自我放松，待情绪回复高昂时才着手处理事务，你将会发觉工作的成绩，比自己想象中的更理想。

如果你太重视工作，以致精力透支，身心皆疲，精神紧张，此举只会令你降低工作的效率，坠进事倍功半的恶性循环中，剥夺自己休息的机会，心理与情绪一旦失去平衡,你的工作表现将会越来越差,把生活弄得一团糟。

所以,当你发觉自己无法集中精神工作,时常不小心犯错,脾气暴躁,缺乏幽默感,心绪不宁,小题大做,动辄跟同事或客户发生争执时,正是你需要暂且放下工作之时,好好休息一下,跟朋友一起出外走走,尽情享受生命中无牵无挂的一刻,达至身体与精神完全放松的效果。

切勿自我欺骗,一方面享受日光浴,一方面又为工作而心中烦躁,这样不是真正的休息,反而会把你的精力耗尽。把握每天的休息时间,让自己完全安静下来,就算只有 10 分钟,对保持身心活泼也很有益处。

10. 压力也能成动力

在现代商业机构工作,不论身在高位还是处于下层的员工,都不免面对精神上及生理上的压力。如果不懂得运用一些方法去消除或减轻压力,很容易会陷于精神崩溃。

一般人也许认为,用松弛的方法去对抗压力是最佳办法,例如学习瑜珈、冥想或太极拳。不错,这无疑是很不错的选择,却不是唯一的方法。

以水制火是众人皆知的事实,但大家可知道以火制火的妙处?

例如在一场难以控制的山火中,消防员往往会在山火即将蔓延之处用火把某区域的山林先行烧掉,切断山火的前进,然后才把火扑灭。

这就是以火制火的道理,同样地,此种方法亦可引申到以压力抵消压力方面,我们称这种以火制火的方法为"压力疗法"。当一个人在工作岗位上受到巨大压力,他可以在生活的其他范围寻找另一种压力(最好与工作造成的压力的性质完全无关),用以抵消原本的压力。

最简单的方法莫过于到游乐场玩一些机动游戏,如过山车、海盗船之类。当你身处在一列过山车上,身心会被那种高度刺激性形成另一种压力,而处于此种压力之下时,本来工作上施加给你的压力顿然消失,你只会把精神集中于应付面前的压力。

另一种消除工作压力的方法便是参与远足历险。当时你要攀山越岭、涉川过河,生死存亡就在眼前,事后你会觉得,相对于这种压力而言,工作上的压力很小儿科,实在不难解决。

彼得·汉森这位研究压力的专家建议我们若要实行压力治疗,应寻找一种能针对工作上构成的压力之方法。譬如说,假若你长期置身于一个高科技的工作环境,那么你不妨透过较原始及高接触的压力治疗方式(如户外历险或高空跳伞)去达到解除原本压力的目的。可见压力也可分为有趣的及无趣的两种。

都市生活紧张,节奏快速,很多人都成为了压力人仍不自觉,还一味叫自己夜以继日地工作,结果精神紧张,引致身体出现各种疾病,如头痛、胃病、皮肤敏感等。若不及时缓和紧张的情绪,平衡身心,后果将更不堪设想。你所承受的精神压力,是否超过你所能忍受的极限?以下这个小测验,能让你很快找到正确的答案,请回答"是"或"不是":

(1)你每天最少吃一顿丰富而正常的午饭或晚餐。

(2)每星期你最少有四个晚上,享受七八小时的酣睡。

(3)很多时候,你都会获得别人的关怀。

(4)你最少有一名值得你信任,而且依赖的亲人。

(5)每星期你最少做两次运动,每次起码维持半小时。

(6)就算你有吸烟的习惯,每天也少于半包香烟。

(7)每星期你最多喝下五杯含酒精的饮品。

(8)你觉得自己的身型标准,体重与身高相符合。

(9)你的收入足够生活的基本开支。

（10）你从自己的人生信仰中获得力量。

（11）你最少有一个知己，跟你分享心中的秘密。

（12）你有不少朋友，也认识很多人。

（13）你时而会参加一些社会活动。

（14）你的健康情况良好，这包括：视力、听觉及牙齿健康各方面。

（15）当你感到忧伤或愤怒的时候，你会将不悦之情抒发出来。

（16）你时常会跟身旁的人聊天，话题围绕生活的琐事。

（17）你每星期最少做一次自己觉得有趣的事情。

（18）你能够有效地安排自己的时间。

（19）你每天喝咖啡不会超过三杯。

（20）你每天留给自己一点私人的时间，安静地度过。

计分方法：

请给每一题"是"的答案一分，"不是"则是零分，如果你的得分在15分以上，专家表示你是一个开朗而快乐的人，尽管外面风风雨雨，是非满天，你依然自得其乐，发挥潜能，创造美好的未来。

如果你得分8～14分，专家指出你的精神负担颇重，时而生出力不从心的悲哀。你应该反省一下自己的生活态度，多留给自己一点私人时间，自由自在地活下去。

得分在8分以下的朋友，你所承受的生活压力十分沉重，你正患上精神衰弱症，时而会出现歇斯底里的症状。除非你完全改变自己的生活环境，得到亲友的支持与谅解，否则后果堪虞。

由于生活紧张，事事以效率为重，很多都市人都患有"压力病"。可怕症状有下列7种：长期感到疲倦、思想迟缓、脾气暴躁、性格畏缩、未老先衰、神经衰弱、缺乏人生目标。心理学家认为化解压力，使身心舒泰的最佳方法，莫如将压力的反面力量化为积极力量，使人从压力中释放出来。心理专家提供了下列几种摆脱压力的方法：

（1）寻求挑战，尤其是能使个人成长的挑战。你将会发觉自己变得聪明，且更具应付挑战的技巧。

（2）摆脱工作，寻找其他消遣，享受家庭生活及各种闲暇的活动。每天抽出一些时间来做这些事情，乃保持身心健康的要领。

（3）正视问题，保持客观，所有的错处及过失，甚至是目前的失败，都可以当作是经验教训，不应该归咎他人。

（4）留意事物光明的一面，保持幽默感，发掘事物有趣的地方。

（5）每天寻找刺激前进的力量，使生命变得充实美满，保持谦虚的学习态度，随时修正错误的人生观。

（6）必须了解到自己大可不必以成就某事或击倒别人来证明自己的能力。培养自信心，接受自己。

（7）切莫试图控制围绕于自己身边的事物，否则很容易便被这种矛盾所控制。你要凌驾于工作之上，莫让它驾驭自己。

纽约大学著名心理学家罗曼克教授说："压力是把两端锋利的剑——既可以带给你奋勇前进的力量，也会摧毁你的身心健康。"

要学会精神紧张的自我治疗。精神长期陷于紧张的状态，除了你自己之外，没有人知道你多么痛苦。不管朋友如何对你好言相劝，你的前途一片光明，事业发展十分顺利，你还是忧心忡忡，很害怕不幸随时会降临至自己的身上，不自觉地表现出神经兮兮的样子，遇事惊惶失措，怀疑人家在背后算计自己。虽然医生曾警告你继续这样下去，迟早会精神崩溃，你还是不知道应如何帮助自己，又不愿意过分依赖药物，内心之不安与焦虑，无时无刻不煎熬着你，你应该怎么办？

心理学家认为情绪不稳定、心烦意乱，患上神经衰弱症，是都市人的通病。但任何问题都有解决的方法，只要你能开放自己，处事不要太执著，懂得自我娱乐的艺术，你也可以做一个快乐人。以下是一些忠告：

（1）在小孩的心里，可算没有什么烦恼，看到什么有趣的事情，便大笑一场,内心了无牵挂。精神紧张的人应以小孩为榜样,时而让自己做一些毫无目的的事情,但求自己开心,无损他人。

(2)很多时候人们寻找解决的方法,都习惯舍近求远,其实若你觉得工作繁重,可以考虑减轻工作,或者停工,让自己享有更多的娱乐时间,松弛神经,甚至呆坐数小时,什么事情也无须急于完成。

(3)培养对新事物的好奇心,发掘自己多方面的才华与兴趣,分散自己对某件事情的注意力,令生活更富姿彩。

(4)不要以聪明人自居,有时不妨扮演愚笨人的角色,容许自己犯错,自我取笑一番,娱人自娱。

(5)学习忙里偷闲,暂且把一切工作抛诸脑后,让自己做做白日梦。沉缅于美妙的幻想中,能令你的生活更浪漫。

记住一句话:自助自强。人人都希望生活平静而快乐,事事顺心,如愿以偿。有些人甚至绞尽脑汁,希望找到趋吉避凶的方法,一生没有祸患降临到自己的身上,与亲人愉快地生活在一起,做一个自足的平凡人。不过,不管你是贫富贵贱,必须一次又一次经历人生变幻,面对困难,谁也无法苟且安逸,就算你隐逸山林,也有生老病死之苦,世事怎会没有变迁?

当你的生命揭开崭新的一面时,你可能觉得兴奋舒畅,迎向挑战;或许,你感到恐惧彷徨,心乱如麻,不知何处是归途。人生于世,本来就必须要接受各种考验,不断学习,前进不息,不过,若是由于面对变幻而令你颓唐沮丧,你将无法创造更好的明天。

这里有一些建议,是英国著名心理学家查泰尔博士的研究心得,有助你接受人事沧桑的事实,活得更快乐和有冲劲,驾驭负面情绪,培养勇气,迈出大步踏上成功之道。

(1)如果你遇到任何困难或不幸时,感到震惊,意志消沉,无须因此而自责,以为自己是胆小鬼,你要能够接受自己也有软弱的时候的事实,伤心流泪并不表示你是自怜。

（2）如果你感到悲愤难禁，要努力自我控制，否则过度的愤怒情绪，具有毁灭力量，可能令你变得激烈、自戕。你需要让自己平静下来，作出反省，从不幸中认识自己更深，接受教训与智慧，不可重蹈覆辙。

（3）如果你一下子对所有事情都失去兴趣，千愁万绪，只想独自饱尝苦果。你可以这样做，不过，要为自己划定一个期限，期间你不妨自我放纵，尽量发泄自己的情绪，但到了限定的日子，你要重新振作，下定决心活得更好。

压力之最，对于那些视公司为唯一依托的办公室人士来说，莫过于失业了。

不管由于什么原因，总之失业不是一件光彩的事情，有人为此而耿耿于怀，自信心大受打击，对前途感到一片迷茫，以致对于失业而产生患得患失的心情，这可能使他们必须要面对外面崭新的环境，努力作出适应与妥协，因而无所适从。但一个有远见有作为的事业强人，他不杞人忧天，自我施加压力，相反，他会借着失业的机会好好反省，从而面对挫折，事业发展才会步步高升，把竞争对手抛在后面。

或许，当你失掉工作后，你会产生以下的疑问：

我是否应该在失业后，出外旅行散心？答案是：不要。须知失业开始之时，你已经消耗宏大的心力，为前途而烦恼不安，根本没有多余的精力与心情出外度假，你应趁着自己仍是精神畅焕，富有冲劲的时候，努力寻找新工作。

我应否告诉朋友我被辞退了？你可以这样说："我又要寻找新工作了。"朋友给你的建议与帮助，将是你意想不到的，无须害怕以实情相告。

我应把自己的工作条件维持至什么时候，才降低自己的要求？你应该为自己定立一个最后期限，因为失业之苦况，正令你精神大为紧张，唯一令你松弛下来的方法，便是赶快找一份新工作。至于求取新职的方法，目前市面上此类书很多，都有详尽的介绍，在此不多赘述。

11. 在工作中找乐儿

忠于职守,对上司的命令唯命是从,本来是值得嘉许的事情,但是如果你的忠心与苦干得不到老板的重视,一些刚入行不久的年轻人,他们所获得的待遇反而比你高,而工作量却比你轻松得多时,看在眼里你必然感到很不是味道。而周期性的头痛、感冒或其他疾病,每每显示出你的心情很混乱,沉重的工作压力令你出现力不从心的情形,你需要拿出勇气突破困境,否则不合理的现象与你对现实的抱怨,足以把你拖进恶性循环的陷阱里,无法自拔。

不要以为你长年累月都伏在案头上处理文件,也不敢跟同事多讲一句话,上司便会被你的忠诚所感动。假如你能够花点精神做一些较具创意的工作,避免因循苟且,墨守成规的弊病,令自己变成一个更有价值的职员,对于公司及对你自己来说都有莫大的好处。

一旦你发觉工作带给你的不再是满足与成就感,而是排山倒海而来的压力,你要下定决心拒绝同事的不情之请,相信每个人都具有独立处理事务的能力,你根本不需要放下自己的工作,帮助别人解决疑难。如果你想获得升职加薪的机会,不妨直接向老板提出自己的要求,你可以这样说:"我知道你会说我的部门需要我的帮助,而我也珍惜自己所学到的东西,但我希望获得晋升的机会,更需要你帮助我找出我的潜能应该在哪一个部门发展。"

你要把自己当作小老板看待,不可因每月享有薪水而满足,你应该把握时机,利用午饭及下班时间与客户保持紧密的联络,搞好人际关系,一方面令工作充满乐趣,同时也是替自己的前途留下一条后路的明智之举。

工作中的失败是痛苦的,但也能转化为乐趣。

你或许常告诫自己:不要好高骛远,稳扎隐打才是做事的原则。但是,要求进步、成功的你,这就不是最好的策略,有些时候,即使失败,你肯冒一次大险,也是值得的。当你一旦犯了错误,请汲取从中所获得的教训。

例如,你学习到什么是不可行的,又有什么新机会可以让你尝试从头来? 还有,累积了经验,等于使你的判断力更锐利,下一次就不易重蹈覆辙了。同时,你能认识到生活还得继续下去,失败并不是那么有影响力。

别以为失败了一次,等于被打入了十八层地狱,信心尽失,聪明、成熟的老板,一定不是只看任务是成功还是失败,他决定一个人是否应该受到器重,是会观察这个人的工作态度、头脑的运用以及人际关系。他一定明白,没有一种工作会有马到功成的必然性。

所以学习理智的、漂亮的失败是很重要的,当一切已成定局,大势已去,你的征袍被迫褪下,自尊和自信就是你的最大武器。

几经辛苦,你终于找到一个新岗位,雄心勃勃地就职,然而,十分不幸,才过了三个星期,你的一颗心就直往下沉,因为你发现现实与想象有一段很大的距离。

工作并不有趣,亦没有挑战性;同事的合作性不高,又缺乏默契;工作环境不够宁静;外界骚扰太多;上司的领导能力不高,信心又不足,叫你无法信服;就连老板也是无才能之人,加上主观武断,难以长期跟你相处……

当下你可以做的,是忍耐! 就此辞职,是弱者的表现,别忘记你当初应聘也是经过了周密的考虑。如果立刻呈辞,太儿戏了吧?

坐下来静心想想,是你期望过高,才会这般失望? 还是你生性急功近利,难以作长远投资?

重新观察围绕在你身边的人与事吧,有其他更适合你的工作吗? 公司的潜力有多大呢？然后再决定去留！无论你是呈辞，还是求调职，无论如何也得待三个月过去，否则，你的弱点暴露无遗：没主见、欠稳重、轻率。总之叫人失望！

由此我们可以判断，本身就"充满乐趣"的工作也许有，但未必轮到你的头上。而且每个人的角度不一样，他认为充满乐趣的工作，你不一定欣赏。同一个人在不同阶段对乐趣的认识也会发生变化。所以我们说的"令工作充满乐趣"，是指你应该有开创精神，从原本枯燥乏味的工作中，去找出它的新奇之处，或者干脆尝试改变旧的工作习惯，用一种全新的模式去工作。当然，这种尝试可能成功，也可能失败，但是，我们追求的，正是这种工作中的不断创新带来的乐趣呀。

12. 突出你的魅力

办公室人士的压力，有时并不完全是工作带来的。因为他们拥有"职员"身份的同时，还是丈夫、妻子、父亲、母亲以及许多社会家庭角色的扮演者。他们除了工作之外，还要面对生活。而生活在丰富多彩的另一面，当然也存在着形形色色的压力。

究竟生活的压力从何而来？很多人只觉得自己不快乐，无论做什么事情都力不从心，却极少安静下来，好好思索压力的来源。法国著名心理学家史丹博士说："一般情况下，导致心中闷闷不乐的原因有十个，它们是：金钱问题、对将来感到忧虑、健康、亲人或朋友生病、孩子、时间不足、体力问题、家庭及肩负的责任太多。"防止产生压力的方法，有以下几种：

（1）改善环境。这包括更换工作、改变身处之境况及离开那些使人心烦意乱的人，有时甚至远离伤心地，在新的环境一切从头做起。

（2）想办法找出令自己感到无法释怀的地方，对症下药，使自己的生命与那些问题永远隔离。

（3）告诉自己不要再在原地踏步，泥足深陷，应努力尝试朝着好的方面思考，避免给自己太多自怜的机会。

（4）对于一些事情或朋友的请求，不要害怕予以坚决的拒绝。如果自己的工作已经十分繁忙，没有时间再兼顾其他事情，应当把自己的情况向朋友坦然诉说。

（5）每天留给自己一小段独处的时刻，学习置身度外，不要事事希望插手。有时怀着隔岸观火的心情，看别人追求名利而争得头破血流，可以令自己眼界大开，明白很多事情。

（6）小心保重身体，每天有充足的睡眠，多吃营养丰富的食物，不可长时间让自己工作过劳。

（7）如果觉得心烦气躁，有想哭的冲动，不妨让自己痛痛快快大哭一场，无须过于自我压抑情绪。

自我减压的一个妙法，就是实现自我焕发、自我振作，增强自己的吸引力。

何以有些人特别引人注目，令人一见倾心，到处惹来艳羡的目光？心理学家指出那些懂得发挥魅力，把自己的长处展露无遗的人，自然能带给人一种与众不同的感觉，如果他们能保持一贯的形象，于一个眼神或微笑间流露其气质与涵养，别人自会觉得他们很美。

怎样发挥你的魅力，增添吸引力？不要随便蹙眉或咧嘴大笑，前者让人觉得你很不快乐，后者则容易令人觉得你是个粗鲁的人，你很难估计当自己滔滔不绝或大笑时，有没有把口水飞溅到对方的身上。与人交谈之时，说话声不宜太大或太小，唯一的标准是让对方能够清楚地听见你的话。

在朋友面前，不要与你身旁的人讲悄悄话，尤其是须避免"小声讲、大声笑"这些不雅的小动作。如果有人当众赞扬你时,你不可表现出沾沾自喜的态度或是极力否认,而以微笑替代说话,神情谦虚,则是最明智的做法。

不要以为没有熟识的朋友在你的周围,你便可以不顾仪态,如:瘫坐在椅上等。至于穿着打扮方面,也不宜过于随便,就算你并不重视那个约会。如果是女性的话,化妆应以素雅自然为主,切勿以奇装异服出现,否则人家只会把你当作小丑看待。你要遵守一些公众场所的规则,如:严禁吸烟、不准烧烤等,否则你穿得再漂亮,也是虚有其表,令人侧目。

要增强自己的自信心。人人都可以成为伟人,干一番大事业,光宗耀祖,只要你发挥潜能,自能履险如夷,从容应付任何困难与挑战,达至前所未有的成就;但成败的关键,在于你是否懂得培养自信,无论何时何地,自信永远是自己忠实的支持者。

你的长处是什么?你要好好思考,才能对自己有深刻的了解。发挥所长,自然有出色的工作表现,奠定培养自信心的基础。

不要以为自己是个超人,为逞一时之快,事无大小都一一承担。凡事尽力而为,也须量力而为。能够从失败的经验中汲取教训,时刻反省的人,他们反败为胜的机会将会大增。不论遇到什么困难,你都要正视它,以积极的态度寻找应变的方法,一旦问题获得解决后,你对自己的信心将随之增强。

把你曾经妥善完成的工作或骄人的成就一一列明纸上,学习自我欣赏,培养勇气,肯定自我的价值,确信自己的办事能力胜人一筹;接受人家的批评也非常重要;对于一些恶意的抨击,你大可不必理会,务求自己脚踏实地度过每一天。

你要主动地与朋友保持联络,跟他们分享你的计划与理想,由于对方懂得欣赏你,就算你对自己的能力感到怀疑,对方也会激发起你把事情完成的决心。

最近意大利一家商业杂志举办了一次评选活动,评选一位"最有魅力的男子"。结果意大利尤文图斯足球队的教练里皮得票最多,成为一位"任何女子都为之发狂的男人"。应该指出,这次评选的投票者,全部都是女性,所以,里皮获得的殊荣,可以说是一个男人在女性心目中印象的反射。其实,不必羡慕里皮得到美人垂青,你同样也可以成为这样的人,无论何时何地,都能吸引异性的注意,在对方的心目中留下美好的印象。只要你培养出好风度,学会尊重别人,大家自然会喜欢跟你聊天,觉得你是天下第一等的好人。如何为自己建立一个魅力四射的形象?你需要注意以下各点:

待人诚恳,遇到愉快的事情,不妨大笑一场;心中有疑难,不妨说出来与好朋友分担,客观听取对方的意见。

就算自己的薪水不高,也要学习做个慷慨的人,宁愿省俭一点,也不可跟人家斤斤计较,尤其是当朋友身困危境时,你要尽自己所能帮助对方。

人不可自以为是,目空一切,但更不可丧失尊严与自信。你要避免骄傲的言行,更要避免自怨自艾、未战先投降等愚行。

能够保持心境开朗,面上时常挂着微笑的人,不管在任何场合里,都是最受欢迎的人物。

一个时常改变主意,生活毫无规律而情绪化的人,试问怎样与人家融洽相处?你要避免犯自我放纵的毛病,现在就寻找生活的目标,培养正确的人生观,做一个有原则而重情重义的人。你会发觉处处都向你伸出友谊之手。

学习尊重他人乃自重的根本,可惜一般人都不太重视这一点,结果弄巧成拙。

能够对一切新奇事情都感兴趣,拥有一个活泼的心灵,不墨守成规,虚心接受人家的意见的人,会散发一种诱人的馨香。

十 合作的性格：
赢得人心的做人方法

1. 要有关系意识

办事跑关系的意识平时养成也很重要，特别是在工作和生活中培养自己的结交意识也非常有必要。好习惯都是日积月累、慢慢培养起来的，因此，我们在日常工作生活中，就要培养自己的结交意识，以备不时之需。

当有人把友谊之球投掷过来时，好好接住，并回掷过去，是完成了做人的基本品德。现在一些公司大都设有服务部门，只要顾客有所要求，办得到的立刻去办，办不到的也绝不敷衍，会使顾客产生莫大的被尊重与信赖感，奠定继续往来的基础。

任职于贸易公司的业务员王先生，总是把他的客户细心分类编排，按时间、地点与生意上的往来，随时邮寄明信片，表达各种不同的信息，让客户时时注意到他的存在与关心。文字迥异于声音，它不会瞬间即逝，比电话、当面晤谈等都从容得多，让人有更宽阔的空间来施展。

不要轻视明信片的效用，事实上勤写信、勤寄明信片的人往往是最善于交际的人。并非因为喜欢才写，而是着眼于当时状况，给予适当回馈的一种表达方式。所以若不谙时机，太迟或太快寄出明信片都是不当的，反而得到反效果。

最常见的大约是谢函。就算是第一次相遇，了解不多的人，只要具体表示和对方相遇的喜悦及一些关心，即可构成一封完美的谢函。若是接触机会频繁的人，则更将谢函视为必要的礼节，善加利用，将对方转变为生活上的朋友，是人生一大收获。

把好意传达给对方，给他充分的关心。试想，若人们平常的行为有此表现，则人际关系定会和谐愉快。如果不了解这种基本原则，又想建立良好的人际关系,无疑是在原地踏步罢了。在现代社会里,的确有很多人希望得到立竿见影的效果,否则便不愿付出。此种以利益计算为先的人际关系,是不堪一击的。商业上的竞争来往原本是功利且锱铢必较的,但把它应用在人与人之间的交往中却是很偏颇的做法。真正懂得交往之道的人,是在自己能力范围之内尽量"给予"的。他会考虑到对方的立场、需要,仅凭一己之力帮助对方,并沉醉于此种喜悦之中,他不曾想过自己会得到什么好处,完全是一种发自内心的诚意。而受到此种不求回报好意的人,只要稍微有心,绝不会毫无回礼的,也会在能力所及的情形下与你合作。透过此种交流,彼此关系自能愈来愈亲密,终于成为真正的朋友。

如此看来,构成不会令人厌倦的魅力个性,除了先天的个性优点外,还需努力对自己的特性加以规划,只有如此,才能更鲜明地展现自己。

在日常生活中遇到意想不到的人或好意,往往带给人意外之喜。这种情形下,心中常常只有感动二字。所以为了让对方脑海中对自己留下深刻的印象,一些意想不到的行动是很有效果的。

例如,突然想到找一位相识的朋友,可能只是顺道拜访,但足以让人开心。因为他会觉得你是关心他的,否则不会想起拜访他,此时会对你另眼看待。

人是高级的感情动物,注定要在群体中生活,而组成群体的人又处在各种不同的阶层上,都具有以上各种属性。坚持以上几项原则,有利于在社会上建立一个好人缘,只有人缘好,才能有一个好的形象,跑起关系来才能如鱼得水,没人缘的人在跑关系时自然会常常陷入进退两难的境地。

总之,办事跑关系讲究仪表、讲究信誉、讲究人缘的人,其社会形象就好,遇到困难就能得到别人的支持和帮助。因此,这样的人办事跑关系都较一般人占有明显的优势。

2. 得道多助易成功

认识的人愈多，机会就愈多。这句话是实实在在的真理。若要创造更多机会，或使创造机会时更方便，便需要建立适当的人际关系网。

人际关系是一项重要资源，但并非什么人都认识一些，就算搞好人际关系。

怎样才算适当的人际关系网？首先，要和与工作直接有关的人，维持和谐的工作关系，例如和上司、同事、下属、客户保持良好关系，有利于工作的进行。

其次，要分清楚关系的性质。有工作关系、朋友关系、伙伴关系等，不要把这些不同关系混淆，否则容易公私不分。在公司里，当然以工作关系为首要，但也应针对不同对象，另外建立适当的朋友或伙伴关系。

应该结识多少人才对？这要看你做什么工作，以及你是个怎样的人而定。做公关的，自然要多认识些人，不管与工作直接或间接有关；另一方面，如果你性格内向，不大喜欢交际，那就无需勉强自己去认识很多人，你只需处理好直接和工作有关的人际关系，充分利用这种关系带给你的方便，便已足够。

建立人际关系有什么好处？

首先，当今社会是一个分工合作的世界，想工作顺利，你需要取得别人的配合。和老板、同事、下属、客户等保持良好关系，别人就乐意和你合作。

其次，良好的人际关系，令你更容易得到助力。没有人不碰到困难，有些困难单靠自己解决不了，必须借助别人的力量，才可完满解决。和别人保持良好关系,在有需要请求别人帮你忙时,不会感到不好意思,而别人也比较乐意帮助你。

第三,若有地位的人士肯扶你一把,你成功的机会就可以相应增加。怎样令有地位的人士愿意扶持你? 个中原因颇多,而和他们维持和谐关系,是基本的条件。

要想关系好,还要靠人缘好。

有时候你可能有过这样的感觉,就是某某人在单位内很受欢迎,领导也喜欢他,同事也很愿意接近他。而有些人则是很少有人喜欢他,他也很少喜欢别人,他的朋友也不多。这就是我们所常说的"人缘儿"和"嫌弃儿"。

一般而言,大家都比较喜欢"人缘儿",而受到大家普遍喜爱的原因则是千差万别的:或者是因为他诚实可信,值得信赖;或者是因为他沉稳老练,办事踏实;或者是因为他知识丰富;或者是因为他机警灵活,善处人际关系;甚至是因为他有权有势有钱等等。总之,他有某一方面或者许多方面被大多数人认可或接受。

在你选择朋友,建立自己的人际关系网络时,最好能选择"人缘儿",而且能使"人缘儿"与你之间的关系越密切越好。

能够把"人缘儿"吸收进你的人际关系网络,使之成为你要好的朋友,无形中就大大增强了你的人际关系网络的能量。要是你的人际关系网络全部都由"人缘儿"组成,那么你的这个人际关系网络的能量将是无比巨大的。此外,结交"人缘儿"还会使你受到启发,学到许多如何结交朋友,赢得众人青睐的方法。

善于拓展关系的人,是标准的社交高手,不管是在宴会、洽谈公事或私人聚会上,总是能掌握时机。对这些"沟通大师"们而言,人生就是一场历险记。会议室、酒吧、街角、餐厅,甚至在澡堂里,处处都可以增广见闻。只要你多走动,必有收获。

总而言之，人总是在心里更多地想"关系"有无用处，看看是否能从对方的需要上做些文章，让对方欠自己的人情，以使关系套牢。此乃人之常情，无可厚非。

3. 随时调整关系

世界上的一切事物，都处在不断地运动、变化和发展之中。我们的人际关系，如果不随着客观事物的发展而发展，就会逐步处于落后的、陈旧的甚至僵化的发展状态。因此，一个合理的人际结构，必须是能够进行自我调节的动态结构。动态原则反映了人际结构在发展变化过程中前后联系上的客观要求。

所以，在办事跑关系时，一旦关系形成，一定不要坐在那儿不动，要不断检查、修补关系网，随着部门的调整、人事变动及时调整自己手中的牌，修补漏洞，及时进行分类排队，不断从关系之中找关系，使自己的关系网一直有效。

在现实生活中，需要调节人际关系结构的情况一般有三种：

一是奋斗目标的变化。也许你的奋斗目标已经实现，也许你的奋斗目标变了，比如弃政从商吧，这需要你及时调整人际结构，以便为新的目标有效地服务。

二是由于生活环境的变动。在当今这样的信息社会，人口流动空前加快，本来在 A 地工作的你，忽然到 B 地去工作。这种环境变动，势必引起人际关系结构的变化。

三是某些人际关系的断裂。天有不测风云，朝夕相处的亲人去世了，在悲哀的同时，不能不看到人际关系结构的变化。

可见,调整人际关系结构有被动调整和主动调整两种,不管是何种调整,都要求我们能迅速适应新的人际关系结构。

为此,我们在建造人际关系结构时,就要努力为自己建造一种善于进行新陈代谢的开放型人际关系结构。而一切使人际结构僵硬化、固定化的态度和方法,都是应当抛弃的。

4. 人缘好,事好办

多一分人缘,少一分烦恼。好人缘是成大事者的因素之一,因为人缘越好,事情就越好办。某些成大事者总能够与别人相处得特别好,这到底有什么秘诀?

在我们认识的朋友当中,有人会特别吸引朋友与顾客。对于这样的人,你不禁感叹地说:"他把人吸引到自己身边了!"

这真是一句妙词,一语而言中。

人并非是强迫他喜欢谁,他就会喜欢谁。

山姆·史特威特或许是我们直到目前为止碰到过的最优秀的人,但是我们不见得会选他做个人的朋友。如果要问理由,那只有一个:他不是一个能够填饱我们饥饿精神状态的男人。我们和山姆在一起觉得不自在,因为他所散发出来的优秀气势,让我们感到自卑。即便山姆这个人如何杰出,作为朋友,人们也会对他敬而远之。

下面列举的,是一般正常人所共同需要的两大基本渴望。利用这两种方法,就能与人很好地相处。

(1)容纳

容纳是维生素剂。

每个人都希望自己完完全全地被接受,希望能够轻轻松松地与人相处。

在一般情况下和人相处时,很少有人敢于完完全全地暴露自己的一切。所以,一个人若是能让你感到轻松自在、毫无拘束,我们是极愿和他在一起的,也就是说,我们希望和能够接受我们的人在一起。专门找人家错处而吹毛求疵的人,一定不是个好亲人、好朋友。

请不要设定标准叫别人的行动合乎自己的准则。请给对方一个自我的权利,即使对方有些变态也无妨。

别要求对方完全符合自己的喜好,以及行动完全符合自己的要求。

要让你身旁的人轻松自在。

能接受任性、粗暴的人往往具有带动他人向上的最大力量。一个原本脾气暴躁、动作粗鲁的人,在不知不觉中却变成了一个和善、可靠的市民,问他原因,他回答说:"我的太太信赖我。她从不责备我,只是一味地相信我,使我不好意思不改变。"

某位心理学家说:要改变一个任性或粗暴的人,除了对他表示好意,让他自己改变之外,再也没有其他更好的方法了。

很多优秀的人,往往能影响本性善良的人,接受他们,使他们更好。但是对于任性、粗暴的人,他们往往束手无策。为什么呢?因为优秀的那群人根本不能接受粗暴的人,甚至于避之如蛇蝎,在感情上并不相通,这怎么能让对方变好呢?

我们曾经和一位有名的精神科医生共进晚餐。话题谈到人际关系中的容纳问题,他说:"如果大家都有容纳的雅量,那我们就失业了!精神病治疗的真谛,在于医生们找出病人的优点,接受它们,也让病人们自己接受自己。医生们静静地听患者的心声,他们不会以惊讶、反感的道德式的说教来批判。所以患者敢把自己的一切讲出来,包括他们自己感到羞耻的事与自己的缺点。当他觉得有人能容纳、接受他时,他就会接受自己,有勇气迈向美好的人生大道。"

鲁斯·哈比博士指出,如果每对夫妻都能牢记结婚仪式上的誓言:"我不计较这个男人(或女人)的一切,我接受对方所有的行为。"就会挽回很多家庭的不和睦。

很多大企业家都说:"我们要想提升某某人时,会先调查他的妻子。"

并非调查他们的太太长得是否很漂亮,或者很会做菜,而是调查她是否能让他的先生充满自信。

某企业的老板说:"做妻子的要接受丈夫的一切。要让丈夫生活愉快,拥有满足感。当丈夫回到家里时,要替他装上自信的弹丸。这样做了丈夫就会想:'她这样喜欢我,可见我在她心中有一定的位置,并非一文不值。'做妻子的若能爱丈夫,信任他,他就会拥有'我一定能做好一切'的自信。所以第二天出门时,他不怕任何困难的考验,会充满自信地接受挑战。"

相反,作为丈夫回到家里以后,妻子只会唠叨、抱怨不停,那他的斗志就会完全消失。

一个能容纳自己丈夫的人,她必会得到丈夫的更加怜爱。

人们愿意和能够容纳自己的人和睦相处。假如是因为妻子的缘故,让丈夫对自己失去信心而讨厌自己,那么,丈夫会随着自己自信心、自尊心的低落而对妻子不耐烦,彼此会因为吹毛求疵而感情低落,这样的结局就太煞风景了。

(2)承认

每个人的第二渴望就是承认。

承认比容纳更深一层。容纳,实际上是消极的做法。我们容纳对方的缺点与短处,伸出友谊的双手接受他们,这只是消极的做法。倘若是积极的做法,就是找出对方的长处,不光是停留在接受忍耐对方的缺点上。

人们都喜欢沐浴在承认的温馨之中,从这里也可发挥它的特性。

有一天,一位父亲带着自认为是无可救药的孩子到心理医生那里去。

那个孩子已经被严重灌输了自己没有用的观念。刚开始，他一语不发，任凭心理学家怎样询问、启发，他也绝不开口。心理学家一时之间也真是无从着手。后来心理学家从他父亲所介绍的情况和所说的话里找到了医治的线索。他的父亲坚持着说：

"这个孩子一点长处也没有，我看他是没指望，无可救药了！"

心理学家开始应用承认的方法，找出他的长处，甚至称赞他在这方面具有聪颖的天赋，还颇有高手的意味。他家里的家具全被他刻伤，到处是刀痕，因而常常受到惩罚。心理学家买了一套雕刻工具送给他，还送他一块上等的木料，然后教给他正确的雕刻方法，不断地鼓励他：

"孩子，你是我所认识的人当中，最会雕刻的一位。"

从此以后，他们接触得频繁起来，在接触中，心理学家慢慢地找出其他事项来承认他。有一天，这位孩子竟然不用别人吩咐，自动去打扫房间。这个事情，使所有人都吓了一跳。心理学家问他为什么这样做？

孩子回答说："我想让老师您高兴。"

人们都渴望着他人的承认。

要满足这项欲望并不难。

总而言之，一个人如果能够容纳别人，能够承认别人，他的周围就一定会聚集起许多的朋友，这也正是那些具有好人缘的人的与人相处之道。

生活是个大舞台，你我他都在扮演着不同的角色，又不停地变换着角色，各个角色之间时刻进行着各式各样的人际交往。一个好的人缘就是一张广大而伸缩自如的关系网，用这张网你可以活得轻松自在、潇洒自如，塑造一个完美的人生。

莫洛是美国摩根银行股东兼总经理，当时他的年薪高达100万美元。忽然有一天，他放弃了这个人人钦羡的职务，而改任驻墨西哥大使，并因此震惊了全美国。

这位莫洛先生，最初不过是一个法院的书记，后来缘何有如此惊人的成就呢?

莫洛一生中最大的转折点,就是他被摩根银行的董事们相中,一跃而成为全国商业巨子,登上摩根银行总经理的宝座。据说摩根银行的董事们选择莫洛担当此重任,不仅因为他在企业界享有盛名,而实在是因为他具有极佳的人缘。

"人缘",这真是一个奇妙的名词啊!

凡特立伯任纽约市银行总裁时,他在雇用任何一位高级职员时,第一步要探听的便是这人是否有为人称道的人缘。

吉福特本是一个小小的店员,后来任美国电话电报公司的总经理,他常常对人说,他认为人缘是成大事者的主要因素,人缘在一切事业里均极其重要。

有些人生来具有过人的人缘,他们无论对人对己都非常自然,并不费力地便能获得他人的注意和真爱。而我们大部分人,就要为建立一个好人缘而付出努力。

不要忘了,人缘是你最大的资产。

5. 赢得友谊的基本法则

友谊是人缘的基础和表现。人与人之间建立了友谊,才能在此基础上赢得人缘。赢得友谊的法则很多,这里不妨借鉴美国成人教育家戴尔·卡耐基提出的赢得友谊的 12 条法则:

(1)避免争论

卡耐基认为,与人相处,要尽量避免与人争论。原因在于你无法在争论中获胜,而只能树立论敌。卡耐基说:"十之八九,争论的结果会使双方

211

比以前更相信自己是绝对正确。"你赢不了争论。要是输了,当然你就输了;如果赢了,你照样还是输了。为什么?如果你的胜利使对方的论点被驳斥得体无完肤,证明他一无是处,那又怎么样呢?你会觉得洋洋自得;但他呢?你使他丢了面子,你伤了他的自尊,他会怨恨你的胜利,而且,一个人即使口服,也未必心服。既然这样,何必去争论呢?

卡耐基关于争论的一条法则是:"从争论中获胜的唯一秘诀,是避免争论。"

(2)不要树敌

避免树敌的第一要领是,要承认自己也会弄错。卡耐基举例说:"当西奥多·罗斯福入主白宫的时候,他承认说:'如果我的决策能有75%的正确率,就达到我预期的最高标准了。'"卡耐基说:"像罗斯福这样一位本世纪的杰出的人物,最高希望也只有如此,何况我们这些凡夫俗子呢?"所以,要看到人都有犯错误的时候。

承认自己错了,对方就会原谅你,从而避免树敌。

如果对方错了呢?那也不要正面反对对方的意见。而是要尊重对方的意见,不要直截了当地指出对方错了。

(3)承认错误

如果认错了,不要争辩。卡耐基说:"当我们对的时候,我们就要试着温和地、艺术地使对方同意我们的看法;而当我们错了——若是我们对自己诚实,这种情形十分普遍——就要迅速而热诚地承认。这种技巧不但能产生惊人的效果,而且,你信不信?在任何情形下,这样做都要比强词夺理的争辩有趣得多。"

卡耐基提醒人们不要忘了这句古语:"用争斗的方法,你决不会得到满意的结果。但用让步的方法,收获会比预期高出许多。"

(4)与人为善

卡耐基说:"如果你发脾气,对人家说一两句难听的话,你会有一阵发泄的痛快感。而对方呢？他会分享你的痛快吗？你那火药味十足的口气，会使对方更赞同你吗？不会的，一点也不会。"

因此，卡耐基建议：当你希望别人同意你的想法时，请不要忘记法则的第四条："以一种友善的方式开始。"

（5）多说"是的"

与别人交谈的时候，不要以讨论不同的见解作为开端，而要强调双方都同意的事，以此作为开始。

自己多说"是的"，目的是引导对方也说"是的"。要使对方在开始的时候说"是的，是的"，尽可能避免使他说出"不"字。这样双方就达成了一致。

（6）让对方侃侃而谈

多数的人，要使别人同意他的观点，总是喋喋不休地说太多的话。尤其是推销员，常犯这种得不偿失的错误。

卡耐基建议："尽量让对方说话吧。他对自己的事业和他的问题，了解的比你多，所以，向他提出问题吧。让他告诉你几件事。"

让对方多说话，也是为了避免你显得比对方优越。卡耐基引用法国哲学家罗西法古的话说："如果你要得到仇人，你就表现得比你的朋友优越吧；但如果你要得到朋友，就要让你的朋友表现得比你优越。"

（7）让对方觉得良好的动机是他们自己的

没有人愿意接受命令。卡耐基说，没有人喜欢觉得他是被强迫命令购买物品或遵照命令行事。我们宁愿觉得是出于自愿购买东西，或是按照我们自己的想法来做事。我们很高兴有人来探询我们的愿望、我们的需要，以及我们的想法。

所以，要让人接受某种想法，即使这种想法千真万确是属于你，你也要让别人觉得这个想法是他自己的。

（8）从他人的角度看问题

卡耐基说："记住，别人也许完全错了，但他并不认为如此。因此，不要责备他;只有傻子才会那么去做。试着了解他;只有聪明伶俐、大度容忍、杰出的人才才会这么去做。"

别人之所以有某种想法,一定是出于某种原因。你不妨试着忠实地使自己置身于他的处境。如果你对自己说:"如果我处在他的情况下,我会有什么感觉,有什么反应?"这样,你就会节省不少时间,省去不少烦恼。

如果你想改变人们的看法,而不伤害感情或引起憎恨,你就记住第八条法则:"试着忠实地从他人的观点来看问题。"

(9)富有同情心

如果你要消除争执,创造良好的气氛,不妨以这样的方式开始:"我一点也不怪你产生这样的想法。如果我是你,毫无疑问,我的想法也会和你的一样。"

卡耐基说,像这样一段话,会使脾气最坏的老顽固软化下来,而且你说这话时,可以有100%的诚意,因为如果你真的是那个人,当然你的感觉就会完全跟他的一样。

一位心理学家说:"所有的人都渴望得到同情。小孩子急于展示他的伤口,或者甚至把小口子弄大,以求获得更多的同情。大人为了同样的目的展示他们的伤痕,叙述他们的意外、病痛或者外科手术的细节。从某种观点来看,为真实或想象的不幸而自怜,实际上是一种世界性的现象。"

因此,卡耐基建议:如果你希望人们接受你的思想方式,就运用第九条法则:"对他人的想法和愿望表示同情。"

(10)让他人产生高贵的动机

让他人产生高贵的动机,就是让他人觉得自己是诚实、正直和公正的。

卡耐基举例说明如何让他人产生高贵的动机。例如,当约翰·洛克菲勒希望阻止报社的摄影记者拍摄他孩子的照片时,他采用了挑起记者高贵动机的做法。他没有说:"我不希望他们的照片被刊登出来。"而是诉诸于我们每个人心中避免伤害孩子的那种"高贵的"的欲望。他说:"你们都知道小孩子的脾气。你们之中有些人自己也有小孩子。你们都知道,小孩子太出风头了,这并不太好。"

因此,如果你希望人们接受你的思考方式,请遵守第十条法则:"让别人产生高贵的动机。"

(11)把你的想法戏剧性地表现出来

卡耐基认为,要让别人接受你的想法,平铺直叙地叙述事实是不够的,必须使事实更生动、有趣、戏剧性地表现出来,才能有效地引起人们的注意。

电影、电视,尤其是商品广告都是以戏剧性的手法表现事实的,所以容易引人入胜。你不妨也试试这种方法。

(12)提出挑战

卡耐基认为,人人都渴望超越别人,渴望有一种重要的感觉。

行为科学家认为,激励人们工作的主要因素就是工作本身。如果工作令人兴奋和有趣,负责这项工作的人就会渴望去做好工作。

所以,如果你想使人们接受你的想法,不妨向他们提出挑战,使他们产生一种表现自我的欲望。

6. 获得赏识的一般性要求

赢得上级的赏识有多种渠道,在不同的地方、对不同的上级,赢得赏识又有各种不同的要求。但是,赢得赏识总有一般性的要求,也就是在任何地方、对任何上级大体上都适用的要求,这可归结为以下三点:

（1）容忍上级

有的上级，因为曾经犯过错误，或者是在领导层中受到排挤，和下级也没有较好的情感联系，于是感到不被接纳，往往会变得暴躁易怒，变本加厉地责骂下级，总喜欢挑岔，抓住机会训斥下级一通。如果你遇到这样的上级，应怎样和他建立和谐的关系呢？首先要做的事就是接受他，让他感到舒畅而自由。

容忍是人生的维生素。在面对社会的芸芸众生时，因各种复杂的因素，人们都不敢展现"真实的自我"。所以，能够容忍上级的人，面对他，上级可以无拘无束地"找回自我"，能够相信他，也会接受他。那么，这样的人将会令上级产生极好的自信心，也会极其信任这样的人。

能够包容别人、喜爱别人的人，才拥有最大的改变人的力量。相反，单挑别人的缺点，好为人师的"批评家"，永远不可能改变任何人，也永远不可能得到起别人的信任。

任何人都需要别人容忍他、接纳他。容忍和接纳并不是降低自己的理想，压抑自己。而是把对方看成一个"人"，从而接受他的优缺点。

（2）承认上级

承认是满足人性的第二个愿望。承认比起容忍又进了一步，承认不仅是接受对方的缺点，还表示用积极的态度发现对方的优点。

每一个人都希望自己的优点长处受到承认，缺点短处受到谅解接纳。只要是"人"，都可以在他身上找到可以承认的部分和可以非难的缺点。

否定性性格的人，因为总是从否定的角度来挑对方的缺点，所以在别人身上发现的也全是缺点。肯定性性格的人，总是把焦点对准别人的长处，在别人身上会看到许多优点，所以总是能够与别人和睦相处。

发现上级的长处，真诚地赞扬上级的长处，可以使上下级关系融洽起来。而利用上级的长处，不仅使你的事业也会使你所在部门的事业蒸蒸日上，兴旺发达，定会使你受到上级的赏识。

（3）重视上级

重视是人类的第三个渴望。重视上级的存在就是要提高上级的价值。并不是只有下级才有要求赏识的心理,上级也同样有意无意地在寻求赏识。

重视会产生奇迹,增加别人的自信心,鼓舞起他人的力量。

按照对等原则,你若对你的上级(或者同事、家人、朋友)评价极高,他们也会同样地评价你;你重视别人,别人也会重视你。

大家都有这样的经验,上级总是最重视那些认认真真完成他所布置的任务的下级,如果下级对上级的布置推三阻四,或爱理不理,上级定会将这种下级"置之度外"。

重视也标志着用"特殊"的态度对人。有一首诗讲道:"如果一个人对你说话,像对一万个人说话时,这种人将永远没有朋友。"有某杂志社曾刊登广告约稿,结果没有一个名人投稿。后来改用给很多名人写信的约稿办法,每封信都用手写而不是打印,同时写上收信人的名字,结果收到了大多数人的回音。上级和"名人"一样,更加需要特别的重视。不能"一概而论",把抽象的"上级"作为对象,这样容易使对方产生受轻视的感觉,而必须对"这一个"具体的上级采取个别对待的方式,表明你的重视,这样,上级自然也会重视你。

7. 建立"人情账户"

"在家靠父母,出外靠朋友",多一个朋友就多一条路,我们要时刻存有乐善好施、成人之美的心思,才能为自己多储存些人情的债权。这就像一个人为防不测,养成"储蓄"的习惯一样。

钱钟书先生一生日子过得比较平和，但困居上海孤岛写《围城》的时候，也窘迫过一阵。辞退保姆后，由夫人杨绛操持家务，所谓"卷袖围裙为口忙"。那时他的学术文稿没人买，于是他写小说的动机里就多少掺进了挣钱养家的成分。一天500字的精工细作，却又绝对不是商业性的写作速度。恰巧这时黄佐临导演上演了杨绛的四幕喜剧《称心如意》和五幕喜剧《弄假成真》，并及时支付了酬金，才使钱家渡过了难关。时隔多年，黄佐临导演之女黄蜀芹之所以独得钱钟书亲允，开拍电视连续剧《围城》，实因她怀揣老爸一封亲笔信的缘故。钱钟书是个别人为他做了事他一辈子都记着的人，黄佐临40多年前的义助，钱钟书40多年后还报。

黄佐临导演在当时不会想得那么远、那么功利，但却得到了一个不小的回报。

应该怎样去结得人情，这并无一定之规。

对于一个身陷困境的穷人，一枚铜板的帮助可能会让他握着这枚铜板忍一下极度的饥饿与困苦，或许还能干出一番事业，闯出自己富有的天下。

对于一个执迷不悟的浪子，一次促膝交心的帮助可能会使他建立起做人的尊严和自信，或许在悬崖前勒马之后奔驰于希望的原野，成为一名勇士。

就是对一个陌生人很随意的一次帮助，可能也会使那个陌生人突然悟到善良的难得和真情的可贵。说不定当他看到有人遭遇难处时，他会很快从自己曾经被人帮助的回忆中汲取勇气和仁慈。

也许没有比"帮助"这一善举更能体现一个人宽广的胸怀和慷慨的气度的了。不要小看对一个失意的人说一句暖心的话，对一个将倒的人轻轻扶一把，对一个无望的人赋予一个真挚的信任。也许自己什么都没失去，而对一个需要帮助的人来说，也许就是醒悟，就是支持，就是宽慰。

（1）给人好处别张扬

某先生给我们讲过他祖父的故事，在理解人情世故的微妙方面，具有很好的启发作用：

"当年，祖父很穷。在一个大雪天，他去向村里的首富借钱。恰好那天首富兴致很高，便爽快地答应借给祖父两块大洋，末了还大方地说：拿去开销吧，不用还了。祖父接过钱，小心翼翼地包好，就匆匆往家里赶。首富冲他的背影又喊了一遍：不用还了！"

"第二天大清早，首富打开院门，发现自家门前的积雪已被人扫过，连屋瓦也扫得干干净净。他让人在村里打听后，得知这事是祖父干的。这使首富明白了：给别人一份施舍，只能将别人变成乞丐。于是他前去让祖父写了一份借契，祖父因而流出了感激的泪水。"

"祖父用扫雪的行动来维护自己的尊严，而首富向他讨债则成全了他的尊严。在首富眼里，世上无乞丐；在祖父心中，自己何曾是乞丐？"

把"施恩"变成了"施舍"，一字之差，高低立见，效果大大的不同。

生活中经常有这样的人，帮了别人的忙，就觉得有恩于人，于是心怀一种优越感，高高在上，不可一世。这种态度是很危险的，常常会引发出坏结果，也就是：帮了别人的忙，却没有增加自己人情账户的收入，正是因为这种骄傲的态度，把这笔账抵消了。

古代有位大侠郭解，有一次，洛阳某人因与他人结怨而心烦，多次央求地方上的有名望的人士出来调停，对方就是不给面子。后来他找到郭解门下，请他来化解这段恩怨。

郭解接受了这个请求，亲自上门拜访委托人的对手，做了大量的说服工作，好不容易使这人同意了和解。照常理，郭解此时不负人托，完成这一化解恩怨的任务，可以走人了。可郭解还有高人一招的棋，有更巧妙的处理方法。

一切讲清楚后，他对那人说："这个事，听说过去有许多当地有名望的人调解过,但因不能得到双方的共同认可而没能达成协议。这次我很幸运,你也很给我面子,了结了这件事。我在感谢你的同时,也为自己担心,我毕竟是外乡人,在本地人出面不能解决问题的情况下,由我来完成和解,未免使本地那些有名望的人感到丢面子,"他进一步说,"这件事这么办,请你再帮我一次,从表面上做到让人以为我出面也解决不了问题。等我明天离开此地,本地几位绅士、侠客还会上门,你把面子给他们,算做他们完成此一美举吧,拜托了。"

人都爱面子,你给他面子就是给他一份厚礼。有朝一日你求他办事,他自然要"给回面子",即使他感到为难或感到不是很愿意。这,便是操作人情账户的全部精义所在。

(2)没有一次性人情

生活中有许多人抱着"有事有人,无事无人"的态度,把朋友当作受伤后的拐杖,复原后就扔掉。此类人大多会被抛弃,没人愿意再给他帮忙;他去施恩,大概也没人愿意领受他的情。

某君便有一个这样的朋友,是很好的例子:"我有一个高中三年的同学,而且是十分要好的朋友。我们进入了同一所大学,刚开学,她就主动地当了班级干部。有人说:地位高了,人就会变。自从她上任后,见到我,有时干脆装做没看见,日子久了,我们就疏远了。但她有时也突然向我寻求帮助。出于朋友一场,我总是尽心尽力地帮忙。可事后,她老毛病又犯了,我有种被利用的感觉,却无奈于心太软。就这样她大事小事都找我,其他朋友劝我放弃这份友情,这种人不值得交。当我下决心与她分开时,她伤心地流下泪,她除了我竟没有一个朋友。"

一个没有人情味的人,是永远玩不了"施恩"这看似简单实则微妙的人情关系术的。这种人只会用"互相利用,互相抛弃,彼此心照不宣"来推挡,而不去深思人情世故的奥秘之处,所以无法达到人情操纵自如的境界。

（3）口渴以后再送水

雪中送炭、口渴喂水是施恩的一大特征,别人有难处才需要帮忙,这是最起码的常识。

我们内心都有一些需求,有紧迫的,有不重要的,而我们在急需的时候遇到别人的帮助,则内心感激不尽,甚至终生不忘。濒临饿死时送一只萝卜和富贵时送一座金山,就内心感受来说,完全不一样。

三国争霸之前,周瑜并不得意。他曾在军阀袁术部下为官,被袁术任命当过一回小小的居巢长——一个小县的县令罢了。

这时候地方上发生了饥荒,年成既坏,兵乱间又损失不少,粮食问题日渐严峻起来。居巢的百姓没有粮食吃,就吃树皮、草根,饿死了不少人,军队也饿得失去了战斗力。周瑜作为父母官,看到这悲惨情形急得心慌意乱,不知如何是好。

有人献计,说附近有个乐善好施的财主鲁肃,他家素来富裕,想必囤积了不少粮食,不如去向他借。

周瑜带上人马登门拜访鲁肃,刚刚寒暄完,周瑜就直接说:"不瞒老兄,小弟此次造访是想借点粮食。"

鲁肃一看周瑜丰神俊朗,显而易见是个才子,日后必成大器,他根本不在乎周瑜现在只是个小小的居巢长,哈哈大笑说:"此乃区区小事,我答应就是。"

鲁肃亲自带周瑜去查看粮仓,这时鲁家存有两仓粮食,各三千斛,鲁肃痛快地说:"也别提什么借不借的,我把其中一仓送予你好了。"周瑜及其手下一听他如此慷慨大方,都愣住了,要知道,在饥馑之年,粮食就是生命啊!周瑜被鲁肃的言行深深感动了,两人当下就交上了朋友。

后来周瑜发达了,当上了将军,他牢记鲁肃的恩德,将他推荐给孙权,鲁肃终于得到了干事业的机会。

对身处困境中的人仅仅有同情之心是不够的,应给以具体的帮助,使

221

其渡过难关,这种雪中送炭,分忧解难的行为最易引起对方的感激之情,进而形成友情。比如,一个农民做生意赔了本,他向几位朋友借钱,都遭回绝。后来他向一位平时交往不多的乡民求援,在他说明情况之后,对方毫不犹豫地借钱给他,使他渡过难关,他从内心里感激。后来,他发达了,依然不忘这一借钱的交情,常常给对方以特别的关照。

这种方法,有几点技巧与各位分享:

①饮足井水者,往往离井而去,所以你应该适度地控制,让他总是有点渴,以便使其对你产生依赖感。一旦他对你失去依赖心,或许就不再对你毕恭毕敬了。

②老板刺激下属享受的欲望又不去全部满足,而是一次一点,以使其保持干劲、继续卖命。

③对人的恩情过重,会使对方自卑乃至讨厌你,因为他一来无法报答,二来感到自己的低能。

8. 凡事心存感激

许多成功的人都说他们是靠自己的努力。事实上,每一个登峰造极的人,都受到过别人许多的帮助。一旦你定出成功的明确目标,付诸行动之后,你会发现自己获得许多意料之外的协助。你必须感谢这些帮助你的贵人,同时感谢上天的眷顾。

"感恩"是指一种深刻的感受,能够增强个人的魅力,开启神奇的力量之门,发掘出无穷的智慧。感恩也像其他受人欢迎的特质一样,是一种习惯和态度。你必须真诚地感激别人,而不只是虚情假意。

感恩和慈悲是近亲。时常怀有感恩的心情,你会变得更谦和、可敬且高尚。

　　每天都用几分钟的时间，为你的幸运而感恩。所有的事情都是相对的，不论你遭遇多么恶劣的情况，都还可能更糟，所以你要感到庆幸。

　　"谢谢你"，"我很感谢"，这些话应该经常挂在嘴边。以特别的方式表达你的感谢之意，付出你的时间和心力，比物质的礼物更可贵。

　　把你的创意发挥在感谢别人上。例如，你是否曾经想过，写一张字条给上司，告诉他你多么热爱你的工作，多么感谢工作中获得的机会？这种深具创意的感谢方式，一定会让他注意到你，甚至可能提拔你的职位。感恩是会传染的，上司也同样会以具体的方式，表达他的谢意，感谢你所提供的服务。

　　不要忘了感谢你周围的人：你的丈夫或妻子、亲人及工作的伙伴。因为他们了解你，支持你。大声说出你的感谢，家人知道你很感激他们的信任，但是你要说出来。经常如此，可以增强亲情与家庭的凝聚力。

　　记住，永远有事情需要感谢。推销员遭到拒绝时，应该感谢顾客耐心听完自己的解说，这样他下一次有可能再惠顾！

　　感恩不花一分钱，却是一项重大的投资，对于未来有很大的帮助。

9. 当众拥抱你的敌人

　　有益的合作是化解风险、走向成功的高明手段。

　　作为企业的白领人员，对内对外要和许多人发生联系，如果仍然拘泥于比较狭窄的交际原则，与自己志同道合、脾气相投的人则亲，与自己性格迥异、职级相差、文化背景不同，甚至年龄悬殊的人则疏，是很不利于工作的。

工作上产生的人际关系，不同于个人选择挚友良朋，应该从工作的层面上考虑，尽量搞好彼此的合作。这种合作，是比较宽泛和宽容的。

任何人都有自己的思想、习惯及爱好，如果在与他人合作中，过分强调对方在行为性格中与自己的不同之处，就会因为这些微小的隔阂而引起沟通上的障碍，产生好恶，从而影响合作。

现在的社会中，几乎任何人都有机会与不好应付的人打交道，交际技巧上也相当重视这方面的问题。绝大多数的人与这种类型的人往来时，心情都相当不轻松、不愉快，如果可能的话，大家都想对他们避而远之。但是，既然无可避免，最好的方法便是正视并面对这件事，并设法寻求解决之道才是。

唯一的克服方法，就是打开心胸、消除偏见以及找出对方的优点，再虚心跟他接触。这些方法，确实具有正面的意义。然而，在付诸行动时，这种不好应付的人经常不按牌理出牌，所以，想要达成上述的建议并非易事。而且，一般人均很难轻易地从脑海中消除成见。因此，在处理这方面的棘手问题时，必须先在想法上做巧妙的适当的转变。

例如，不妨设想"与那个讨厌的家伙碰面，对我有什么好处呢"，换言之，将对方拟物化，并以做事的观点来看待对方。于是，在心理上须先将情感的因素置之一旁，再与对方进行交往。

此外，亦可将对方视为另一个集团的人。在那个集团里，也许包括了你的同事、上司、朋友等。而他们之所以属于那个集团是因为你与他们的交往常会采用特别的、含有意图的交往方式，这种交往方式近乎纯生意上的往来关系。由此一来，你便可以掌握住自己该如何与这些人进行交往的技巧了。同时，你也大可不必顾虑过多的情面、人情等问题，而是完全站在业务的立场上与之应对即可。此时，这些不好应付的人，对你而言应该再也不是问题了。

举个例子来说，譬如，你正与不好应付的人碰面，在谈话之初，或许只

224

是闲聊着，不过，这种闲聊或试探的时间应尽早结束，并开始步入正题。

事实上，与这种人碰面，多半有相当的理由为前提。因此，应以这种前提作为谈话中心，并迅速谈妥，这样的方式便够了。

总之，将此种会面视作生意上的往来，保持一种君子之交的态度即可。此外，值得一提的是，尽量避免涉及个人的情绪因素。不妨认为虽然对方是个不好应付的人，但一旦不与之交际，对生意上也许是一项损失。因此，若能顺利达成目的，是件非常值得的事！如此一想，你便不会为了这种会晤而深以为苦了。

法国的知名政治家布里安曾说："对自己而言，最重要的不是别人如何看待你，而是你如何看待他们。"由此不难推想，将那些不好应付的人视为纯生意上的来往对象，即是活用的想法。只要你凭藉对工作的热忱，应当不难处理人际关系。

如果朋友在生你的气，其中必然有原因存在。姑且不论是否是你的错，但你必须先去安抚愤怒的对方。

不论生气的原因为何，既然对方已对你表示生气，你就绝对不宜置之不理或正面冲突。倘若事后对方恍然大悟，发觉你是无辜的，那么对于你的宽容和气度，必然会心悦诚服。相反地，倘若你采取一味辩白的态度，便无异于火上加油，很可能导致更难解决的地步。

下面的例子作为说明：

某家食品公司的营业主任孙先生，有一天接到一家客户公司孟经理的电话，以相当激烈的语气向孙主任索赔，因其指称食品公司的货品发生错误。

孙主任虽然认为不可能发生这样的事，但他深深了解，以后的情况如果恶化或扩大就更糟了。于是，他采取的第一步骤是无论如何先得向客户表示歉意。孙主任立刻赶赴孟经理的办公室，诚恳地鞠躬致歉，并说："给你带来麻烦，实在相当抱歉！"对于错误则未做任何辩白。

事实上，道歉并非简单的事。倘若态度不够诚恳，或言词有所不妥，对方在气头上，极可能认为"你这样做，也算是在向我道歉吗?"反而可能让对方更加生气。

　　道歉是一种礼仪，我们必须要先有这样的概念。所以，基于道歉而向对方表示谦卑并没有什么损失。即使对方属于权威主义者，也无须吝于向他低头，因为对事不对人是我们为人处事的基本态度。

　　结果，孟经理在对方谦和有礼、诚意十足的道歉后，一度激愤的心情也为之平息。等孙主任告辞返回办公室时，一进门便接到孟经理打来的电话。这回，孟经理变得相当客气，前后判若两人。孟经理在电话中说道："真是不好意思! 造成这次出错的原因，是由于我们公司的职员与贵公司联络上发生了错误。孙先生，过错在我们，对你实在是过意不去，太对不起你了!"孟经理能够及时找出错误的原因，对孙主任而言，是相当幸运的事。同时，孙主任当机立断地先行道歉，也大大有助于对方找出真相的决心。总之，孟经理对于孙主任的应对方法已赋予相当高的评价，是绝对可以肯定的。

　　此外，应付对方的愤怒情况时，不妨考虑以下几种心态：

　　首先，如果能如同孙先生般幸运，不久对方即发觉原来是场误会，是最好不过的了。但倘若对方对自己的误会依然迟迟未予发现，又应该如何处理呢? 你不妨经由第三者来告知实情，或写信告诉对方实情以澄清误会。

　　再者，倘若造成对方生气的原因，真是由于自己的错误，当然"解铃终须系铃人"，亲自登门谢罪是理所当然的。不过，在表示歉意时，可得注意态度是否诚恳、事后补偿的处理是否妥善。倘若，你的谢罪致歉让对方觉得满意，对方仍会对你的诚意与努力表示好感。

　　事实上，"人非圣贤，孰能无过"，但是倘若能对过错做完整的善后处理，还是能够化险为夷、转祸为福的。

尽管在犯错时会遭受同事、上司或亲友的指责或怒骂,心里确实不好受,但是,不妨反过来想:要是无人说你、骂你,岂不也表示无人关心你了吗?这样一来,反倒能够心平气和地接受指责,而没有不耐烦的表示,无形中,你便得到道歉的效果了。

尤其现在能苦口婆心劝说他人的人愈来愈少了,因此,若能接触到这种类型的人,也算得上是自己的某种福气哩!所以,企业的白领人员必须敞开胸怀,广交朋友,要善于和自己性格、气质不同的人相处,要学会理解对方,求同存异。这样才能扩大交际面,广泛进行合作。而最重要的是,大肚能容天下人、天下物,出入无碍,进退自如,这正是成就大事业的本钱。